微积分

伍锦棠　王朝祥　主　编

清华大学出版社

北　京

内 容 简 介

本书共8章，前6章为一元函数微积分部分，包含一元函数连续、求导、积分及其应用，微分方程简介等内容；后2章为多元函数微积分部分，主要讲述多元函数偏导数及二重积分的计算等。

本书的编写从境外生的实际情况出发，通俗易懂，注重基本概念的描述，强调对导数、积分公式等计算公式的掌握及应用，适合数学基础相对一般的读者。

本书结构严谨，逻辑清晰，叙述清楚，讲解到位，行文简洁流畅，例题丰富，可读性强，可供高等学校各专业境外生、民办本科院校各专业学生，以及高职高专院校各专业学生作为教材使用，也适合读者自学使用。

图书在版编目（CIP）数据

微积分／伍锦棠，王朝祥 主编．—北京：清华大学出版社，2019（2025.9重印）

ISBN 978-7-302-50817-5

Ⅰ．①微…　Ⅱ．①伍…　②王…　Ⅲ．①微积分－高等学校－教材　Ⅳ．①O172

中国版本图书馆 CIP 数据核字(2018)第 178796 号

责任编辑：王　定
封面设计：周晓亮
版式设计：思创景点
责任校对：牛艳敏
责任印制：沈　露

出版发行：清华大学出版社
网　址：https://www.tup.com.cn，https://www.wqxuetang.com
地　址：北京清华大学学研大厦A座　**邮　编：**100084
社 总 机：010-83470000　**邮　购：**010-62786544
投稿与读者服务：010-62776969，c-service@tup.tsinghua.edu.cn
质 量 反 馈：010-62772015，zhiliang@tup.tsinghua.edu.cn
印 装 者：天津鑫丰华印务有限公司
经　销：全国新华书店
开　本：185mm×260mm　**印　张：**11.5　**字　数：**200千字
版　次：2019年1月第1版　**印　次：**2025年9月第3次印刷
定　价：48.00元

产品编号：075997－01

前　言

经过一年多的努力，适合境外生教学的《微积分》简易教材终于编写完成. 初冬的华园大道，绿意依旧，南方的冬天，阳光依旧灿烂，只是风稍微有点冷意. 笔者在华侨大学从事境外生公数教育已近 15 年，通过与诸多境外生的交流，深切体会到他们的心声：“数学真的好难、好抽象啊！真想学好数学，老师，我已尽力了，但不懂的还是占大多数. ”因此，如何编写一本适合大多数境外生的微积分教材，如何结合教材将境外生吸引到高等数学的海洋中，这是一项具有挑战性的任务.

在本书的编写过程中，我们尽可能遵循如下原则：符合境外生实际，在保证相关概念、定义及定理的严谨性的同时，尽可能弱化定理的证明，尽可能增加计算讲解. 为体现上述原则，编写本书时，我们对内容做了如下安排：

第 1 章主要介绍初高中知识，从集合概念出发，强调函数概念、函数的相关性质及函数图形，并给出若干恒等式及不等式.

第 2 章直接介绍函数极限及相关性质，删除一般教材中数列极限概念.

第 3 章注重函数求导计算，强调计算公式的应用.

第 4 章介绍三个微分中值定理，突出洛必达法则求极限，强调利用导数研究函数性质.

第 5 章直接引入定积分概念，弱化不定积分计算.

第 6 章简介微分方程概念及求解.

第 7 章以二元函数为例，讨论多元函数微分.

第 8 章介绍二重积分的概念与计算，并介绍反常二重积分概念.

本教材由两部分构成：一元函数微积分（第1～6章）和多元函数微积分（第7～8章）．其中，一元函数微积分由伍锦棠编写，多元函数微积分由王朝祥编写．教材中的插图由数学科学学院2014级信息与计算科学系的何宏玮完成．书中带＊的内容为选学内容，供读者了解学习。

本书在编写过程中，参考了国内外众多的教材．清华大学出版社对本书的编审、出版给予了热情支持和帮助，华侨大学教务处、数学科学学院也给予了大力支持，在此一并致谢！

由于编者水平有限，加之时间仓促，教材中存在不妥之处，希望专家、同行、读者批评指正，使本书在教学实践中不断完善．

本书课件下载

习题参考答案下载

编　者

2018.2

目　录

第1章 中学必备知识

在大学阶段，数学是诸多专业的必修课程，大学数学学习的好坏，直接影响到学生后继课程的学习. 大学数学是中学数学的延伸和拓展，它离不开中学数学知识的积累与融汇. 部分大一新生在学习大学数学课程一段时间后感到困难，进而产生厌学情绪. 造成这一现象的原因之一是部分学生中学数学知识掌握不牢固，且大学数学与中学数学教学间存在着一定程度的脱节. 因此，本章汇总部分中学基本数学知识，起到衔接大学数学与中学数学的作用.

1.1 实 数 集

本课程研究的基本对象是定义在实数集上的函数. 为此，本节先简要叙述与实数有关的概念，为后继教学做好准备.

1.1.1 集合的概念

具有某种共同属性的对象的全体，我们称之为**集合**，通常用大写字母 A，B，X，Y，…表示. 例如，$A_1=\{1,2,3,4,5,6\}$，$A_2=\{x\mid 1<x<2\}$，$C=\{x\mid x^2+1=0\}$，$D=\{$华侨大学2018年入校大一新生$\}$. 组成集合的每一个对象称为集合的**元素**，通常用小写字母 a，b，x，y，…表示. 若 x 是集合 X 的元素，我们称 x 属于集合 X，记作 $x\in X$；若 x 不是集合 X 的元素，我们称 x 不属于集合 X，记作 $x\notin X$. 不含有任何元素的集合称为**空集**，记为 $\varnothing$.

显然，元素 $1\in A_1$，$7\notin A_1$. 由于在实数范围内，集合 C 不

含有任何元素，为空集，即 $C=\varnothing$.

集合一般有两种表示方式：一是**列举法**，把它的所有元素一一列举在一个花括号内，如上述集合 A_1；二是**描述法**，指明集合中元素所具有的确定性质，如上述集合 A_2、集合 D.

若集合 A 中的所有元素都是集合 B 的元素，则称 A 为 B 的**子集**，记为 $A\subset B$. 由集合 A 与 B 的所有公共元素构成的集合，称为 A 与 B 的**交集**，记为 $A\cap B$；由集合 A 与 B 的所有元素构成的集合，称为 A 与 B 的**和集**，记为 $A\cup B$；由包含在集合 A 中而不包含在集合 B 中的所有元素所组成的集合，称为 A 与 B 的**差集**，记为 $A-B$. 在所考虑的范围中，由不属于集合 A 的其他所有元素所构成的集合，称为 A 的**补集**，记为 A^c.

1.1.2 实数集、数轴、绝对值、区间与邻域

实数集(用 $\mathbf{R}$ 表示)由有理数集(用 $\mathbf{Q}$ 表示)和无理数集(用 $\mathbf{Q}^c$ 表示)两部分组成. 人们对实数的认识是逐步发展的，从自然数、整数发展到**有理数**(即可表示为两个整数相除的形式)，再进一步发展到**无理数**(即不可表示为两个整数相除的形式，例如$\sqrt{2}$，π，e 等均为无理数).

在一条水平直线上取定一点 O 作为**原点**，指定一个方向为**正方向**(一般把原点向右的方向规定为正方向)，再规定一个**单位长度**，这种具有原点、正方向和单位长度的直线称为**数轴**. 实数集与数轴上的点有着一一对应的关系. 例如，数 1 与数轴上原点 O 向右一个单位长度处的点对应；数 -2 与数轴上原点 O 向左两个单位长度处的点对应. 本书只在实数集范围内研究问题，并把“实数 a”与“数轴上的点 a”这两种说法看作具有相同的含义.

集合$\{x|a\leqslant x\leqslant b\}=[a,b]$称为**闭区间**；集合$\{x|a<x<b\}=(a,b)$称为**开区间**；集合$\{x|a\leqslant x<b\}=[a,b)$称为**左闭右开区间**；集合$\{x|a<x\leqslant b\}=(a,b]$称为**左开右闭区间**. 上述区间统称为有限区间，如图 1-1 所示，可在数轴上对应表示.

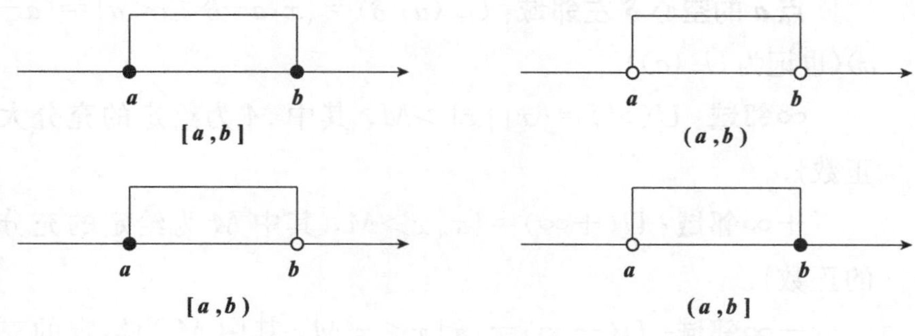

图 1-1

此外引入记号$+\infty$(读作正无穷)和$-\infty$(读作负无穷)，则可得无限区间，例如

$$\{x \mid x>a\}=(a,\ +\infty),$$
$$\{x \mid x\leqslant b\}=(-\infty,\ b].$$

设 $a\in\mathbf{R}$，$\delta>0$，实数点 a 的**绝对值**定义为

$$|a|=\begin{cases}a, & a\geqslant 0,\\ -a, & a<0.\end{cases}$$

满足绝对值不等式 $|x-a|<\delta$ 的全体实数 x 的集合称为**点 a 的 δ 邻域**，记为 $U(a;\ \delta)$，即有

$$U(a;\ \delta)=\{x \mid |x-a|<\delta\}=(a-\delta,\ a+\delta),$$

它在数轴上表示以点 a 为中心，长度为 2δ 的对称开区间. 有时，我们也用 $U(a)$ 表示**点 a 的某个邻域**.

点 a 的 δ 空心邻域定义为

$$\mathring{U}(a;\ \delta)=\{x \mid 0<|x-a|<\delta\},$$

它在数轴上表示以点 a 为中心，长度为 2δ 的对称空心(不含点 a)开区间. 有时，我们也用 $\mathring{U}(a)$ 表示**点 a 的某个空心邻域**.

此外，还有以下几种邻域.

点 a 的 δ 右邻域：$U_{+}(a;\ \delta)=\{x \mid a\leqslant x<a+\delta\}=[a,\ a+\delta)$(也记为 $U_{+}(a)$).

点 a 的空心 δ 右邻域：$\mathring{U}_{+}(a;\ \delta)=\{x \mid a<x<a+\delta\}=(a,\ a+\delta)$(也记为 $\mathring{U}_{+}(a)$).

点 a 的 δ 左邻域：$U_{-}(a;\ \delta)=\{x \mid a-\delta<x\leqslant a\}=(a-\delta,\ a]$(也记为 $U_{-}(a)$).

点 a 的空心 δ 左邻域：$\mathring{U}_-(a;\ \delta)=\{x|a-\delta<x<a\}=(a-\delta,\ a)$(也记为$\mathring{U}_-(a)$).

∞邻域：$U(\infty)=\{x||x|>M$，其中 M 为给定的充分大的正数$\}$.

$+\infty$邻域：$U(+\infty)=\{x|x>M$，其中 M 为给定的充分大的正数$\}$.

$-\infty$邻域：$U(-\infty)=\{x|x<-M$，其中 M 为给定的充分大的正数$\}$.

习题 1-1

1. 用列举法表示下述集合：
   (1) 不超过 3 的正整数；
   (2) 圆 $x^2-y^2=1$ 与坐标轴的交点；
   (3) 方程 $x^2-2x-3=0$ 的根；
   (4) 摇一颗骰子出现的所有点数.
2. 用描述法表示下述集合：
   (1) 大于 3 的所有实数；
   (2) 满足不等式 $x^2-2x-8<0$ 的所有实数.
3. 写出集合 $A=\{1,\ 2,\ 3\}$的所有非空子集.
4. 已知集合 $A=\{1,\ 3,\ 5\}$，$B=\{2,\ 3,\ 6\}$，求：
   (1) $A\cap B$；　　(2) $A\cup B$；　　(3) $A-B$.
5. 已知集合 $A=\{x|2<x<5\}$，$B=\{x|-2<x<3\}$，求：
   (1) $A\cap B$；　　(2) $A\cup B$；　　(3) $A-B$.
6. 用区间表示满足下列不等式的所有 x 的集合：
   (1) $|x-3|\leqslant 2$；　　(2) $|x|\geqslant 2$；　　(3) $|x-1|>2$.

1.2　函数概念

函数是数学中最重要的基本概念之一，是现实生活中量与量之间的依存关系在数学中的反映. 本节将重温中学已有函数知识, 并给出几种常用函数.

1.2.1 函数的定义

定义 设 A, B 是两个给定的非空实数集. 若有对应法则 f, 当取定 A 中任一数 x 时, 总有 B 中唯一一个数 y 与之对应, 则称 f 为定义在 A 上的**函数**. 记作

$$f: A \to B,$$
$$x \mapsto y.$$

此时, A 称为函数 f 的**定义域**, x 称为**自变量**, 与 x 对应的 y 称为 f 在点 x 处的**函数值**, 也称为**因变量**, 常记为 $y=f(x)$. 全体函数值构成的集合

$$f(A)=\{y \mid y=f(x),\ x\in A\}$$

称为函数 f 的**值域**.

注: 函数的定义域和对应法则是确定函数的两个要素.

1.2.2 函数的表示法

函数的表示法主要有三种, 即解析法(或称公式法)、列表法和图像法.

例 1-1 $y=f(x)=2x+1$, $x\in[-1, 2)$.

这是用解析法(或称公式法)表示 y 是 x 的函数.

例 1-2 某商城一年里某种商品各月的零售量(单位: kg)如图 1-2所示.

月份	1	2	3	4	5	6	7	8	9	10	11	12
零售量 (kg)	75	80	62	45	53	42	38	46	35	32	37	30

图 1-2

这是用列表法表示零售量与月份间的函数关系.

例 1-3 某气象站一天 24 小时监测到的温度随时间变化, 如图 1-3所示.

这是用图像法表示温度随时间变化的函数关系.

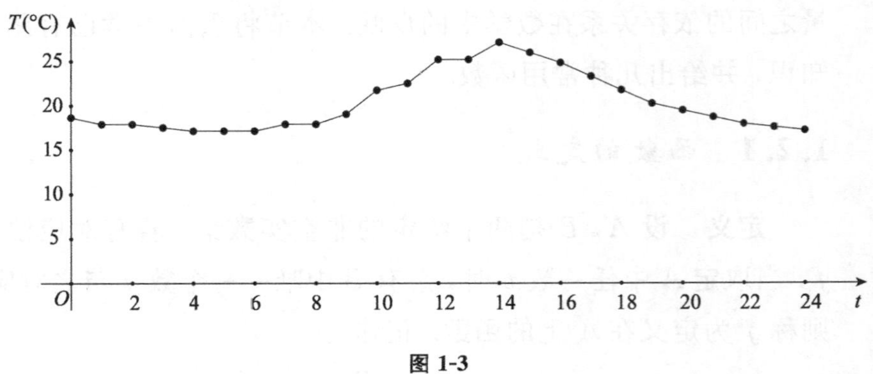

图 1-3

有些函数在其定义域的不同部分中用不同的公式表示，这类函数通常被称为**分段函数**. 下面给出几个常见的分段函数，例如：

绝对值函数

$$y=f(x)=|x|=\begin{cases}x, & x\geqslant 0,\\ -x, & x<0.\end{cases}$$

符号函数

$$y=f(x)=\operatorname{sgn} x=\begin{cases}-1, & x<0,\\ 0, & x=0,\\ 1, & x>0.\end{cases}$$

取整函数

$$y=f(x)=[x],\ x\in\mathbf{R},$$

其中 $[x]$ 表示不超过 x 的最大整数. 例如，$[2.1]=2$，$[-2.1]=-3$.

狄利克雷(Dirichlet)函数

$$y=f(x)=D(x)=\begin{cases}1, \text{当 } x \text{ 为有理数},\\ 0, \text{当 } x \text{ 为无理数}.\end{cases}$$

1.2.3 函数的四则运算

给定函数 $f(x)$，$x\in A_1$ 和函数 $g(x)$，$x\in A_2$，记 $A=A_1\cap A_2$，若 $A\neq\varnothing$，定义函数 f 和 g 在 A 上的和、差、积运算如下：

$$F(x)=f(x)+g(x),\ x\in A,$$

$$G(x)=f(x)-g(x),\ x\in A,$$

$$H(x)=f(x)\times g(x),\ x\in A.$$

若 $A^*=A\cap\{x\mid g(x)\neq 0,\ x\in A_2\}\neq\varnothing$，则定义函数 f 和 g 在 A^* 上的商运算如下：

$$L(x)=\frac{f(x)}{g(x)},\ x\in A^*.$$

1.2.4 复合函数

设有两函数

$$y=f(u),\ u\in B,$$

$$u=g(x),\ x\in A.$$

若函数 g 的值域与函数 f 的定义域的交集不为空集，即 $g(A)\cap B\neq\varnothing$，记 $A^*=\{x\mid u=g(x)\in B\}\cap A\neq\varnothing$，则可定义新的函数

$$y=f[g(x)],\ x\in A^*,$$

称为函数 f 和 g 的**复合函数**，并称 f 为**外函数**，g 为**内函数**，u 为**中间变量**.

例 1-4 已知函数 $f(u)=\ln u$，$u\in(0,+\infty)$，函数 $u=g(x)=1-x$，$x\in(-\infty,+\infty)$，问是否能定义复合函数 $f[g(x)]$？

解： 由已知，外函数 $f(u)=\ln u$ 的定义域为$(0,+\infty)$，而内函数 $u=g(x)=1-x$ 的值域为$(-\infty,+\infty)$，它们的交集不为空集，因此，可以定义复合函数

$$y=f[g(x)]=\ln(1-x),$$

其定义域为$\{x\mid x\in(-\infty,1)\}$.

1.2.5 反函数

设函数 $y=f(x)$在 A 上有定义，值域为 $f(A)$. 如果对每一个 $y\in f(A)$，均有唯一一个$x\in A$ 满足 $f(x)=y$，将此对应规则记为 f^{-1}. 按此对应规则得到一个定义在 $f(A)$ 上的函数 $x=f^{-1}(y)$，称此函数为 $y=f(x)$的**反函数**.

显然，反函数 $x=f^{-1}(y)$的定义域为 $f(A)$，值域为 A. 习惯上，用 x 表示自变量，y 表示因变量. 因此，定义在 A 上的函数 $y=f(x)$的反函数可改写为

$$y=f^{-1}(x),\ x\in f(A).$$

例 1-5 求函数 $y=f(x)=2x-3$，$x\in[1,5]$的反函数.

解：由 $y=2x-3$ 可解出

$$x=f^{-1}(y)=\frac{y+3}{2}.$$

又 $x\in[1,5]$，易得 $y\in[-1,7]$. 将上式中 x 与 y 互换，因此得到函数 $y=2x-3$ 在定义域$[1,5]$上的反函数

$$y=f^{-1}(x)=\frac{x+3}{2},\ x\in[-1,7].$$

1.2.6 初等函数及其图形

下列六类函数称为基本初等函数.

1. 常函数

常函数 $y=c$（c 为常数）的定义域为$(-\infty,+\infty)$，图形为平行于 x 轴截距为 c 的直线，如图 1-4 所示.

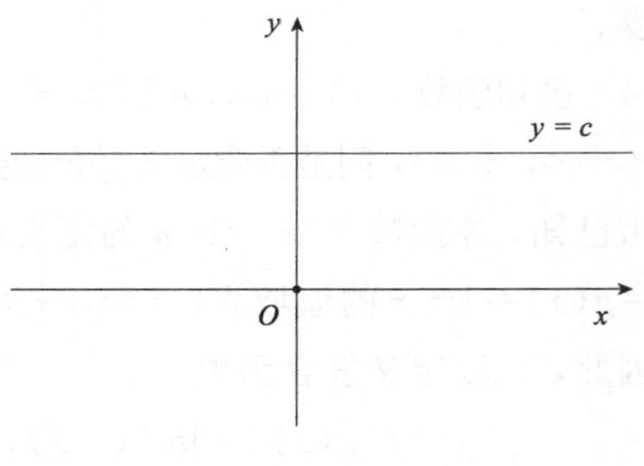

图 1-4

2. 幂函数

幂函数 $y=x^a$（a 为常数）的定义域随幂指数 a 而变化，但不论 a 取何值，x^a 在$(0,+\infty)$ 总有定义，而且图形总经过点$(1,1)$，如图 1-5 所示.

函数 $y=x^{\frac{1}{3}}$，$y=x^3$ 的定义域均为$(-\infty,+\infty)$，其图形关于原点对称；

函数 $y=x^2$ 定义域为$(-\infty,+\infty)$，其图形关于 y 轴对称；

而函数 $y=x^{\frac{1}{2}}$ 的定义域为$[0,+\infty)$.

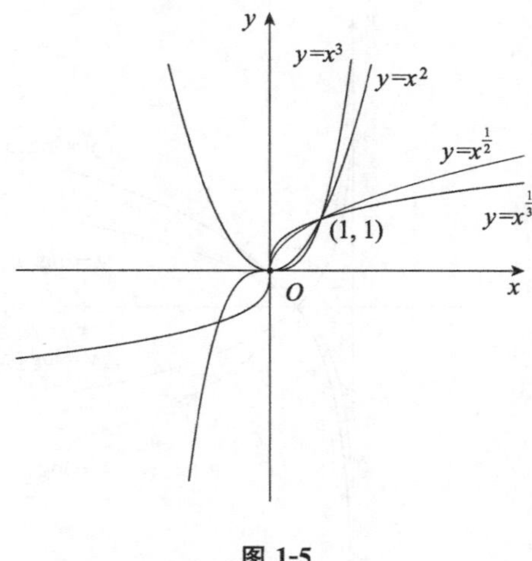

图 1-5

3. 指数函数

指数函数 $y=a^x(a>0,a\neq 1)$ 的定义域为 $(-\infty,+\infty)$，值域为 $(0,+\infty)$. 如图 1-6 所示，它们都经过点 $(0,1)$，且当 $0<a<1$ 时，函数曲线单调下降；当 $a>1$ 时，函数曲线单调上升.

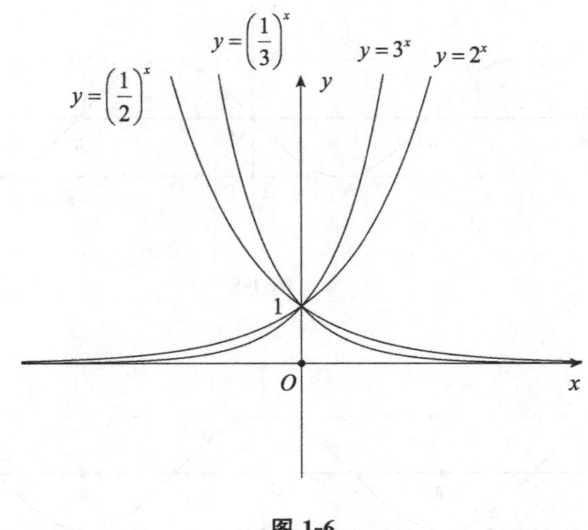

图 1-6

4. 对数函数

对数函数 $y=\log_a x(a>0,a\neq 1)$ 的定义域为 $(0,+\infty)$，值域为 $(-\infty,+\infty)$. 如图 1-7 所示，它们都经过点 $(1,0)$，且当 $0<a<1$ 时，函数曲线单调下降；当 $a>1$ 时，函数曲线单调上升.

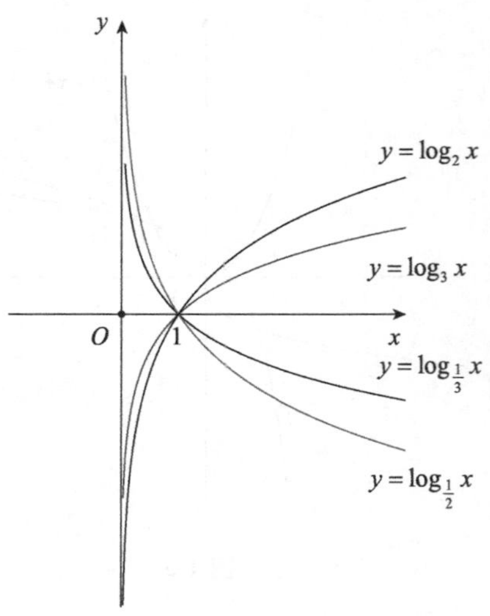

图 1-7

5. 三角函数

正弦函数 $y=\sin x$ 和余弦函数 $y=\cos x$ 的定义域均为$(-\infty, +\infty)$，值域均为$[-1, 1]$，其图形分别如图 1-8 和图 1-9 所示.

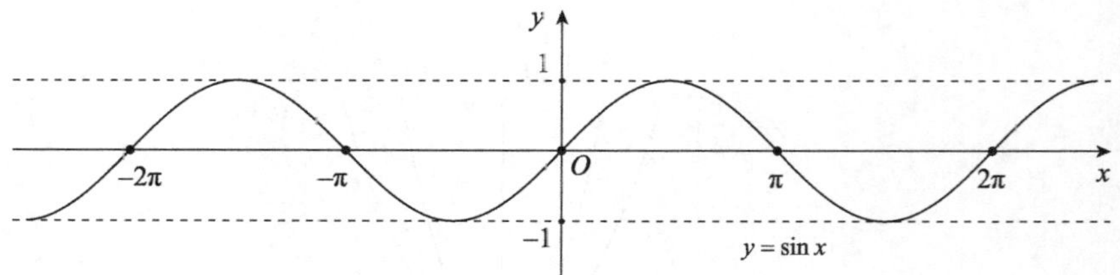

图 1-8

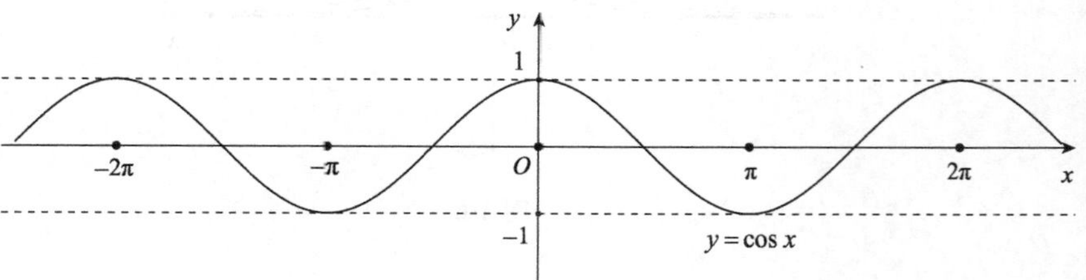

图 1-9

正切函数 $y=\tan x$ 的定义域为数轴上除去 $x=\dfrac{(2n+1)}{2}\pi$，$n=0, \pm 1, \pm 2, \cdots$的其他实数，值域为$(-\infty, +\infty)$，其图形如图 1-10 所示.

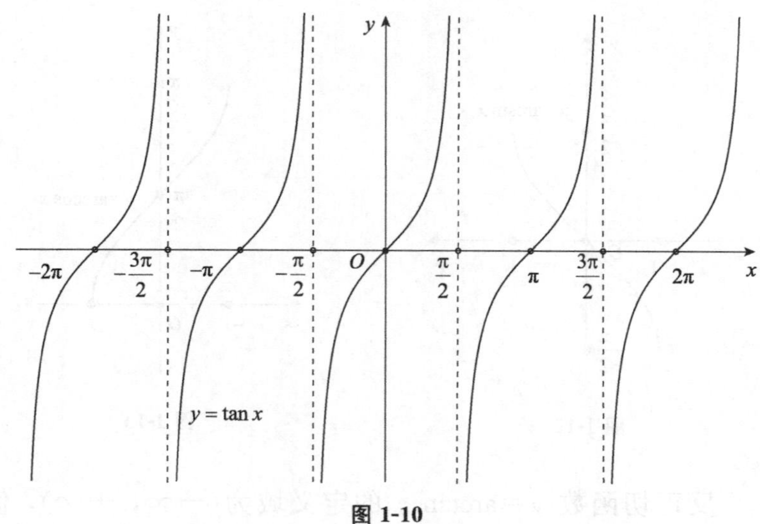

图 1-10

余切函数 $y=\cot x$ 的定义域为数轴上除去 $x=n\pi$，$n=0$，± 1，± 2，…的其他实数，值域为$(-\infty, +\infty)$，其图形如图 1-11所示.

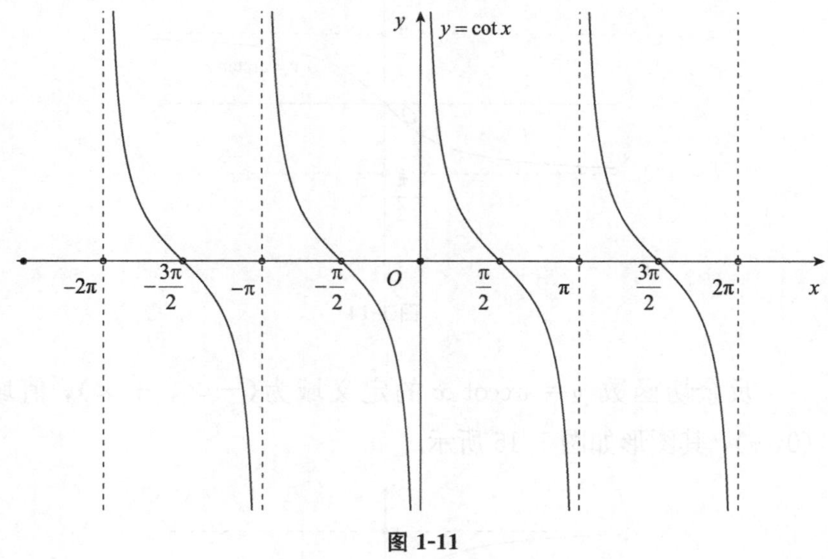

图 1-11

6. 反三角函数

反正弦函数 $y=\arcsin x$ 的定义域为$[-1, 1]$，值域为$\left[-\frac{\pi}{2}, \frac{\pi}{2}\right]$，其图形如图 1-12 所示.

反余弦函数 $y=\arccos x$ 的定义域为$[-1, 1]$，值域为$[0, \pi]$，其图形如图 1-13 所示.

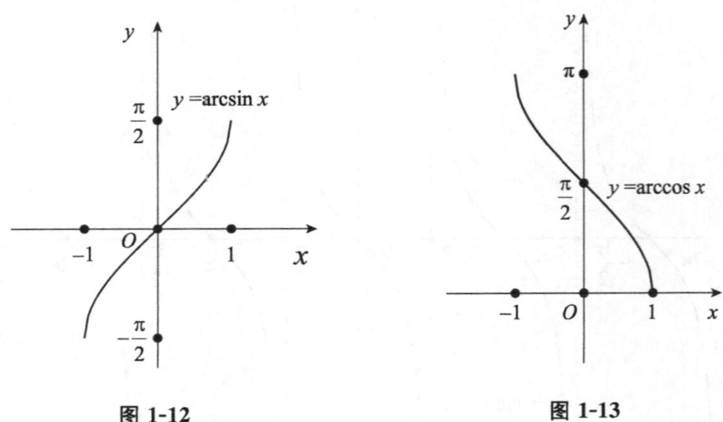

图 1-12　　　　图 1-13

反正切函数 $y=\arctan x$ 的定义域为$(-\infty, +\infty)$，值域为$\left(-\frac{\pi}{2}, \frac{\pi}{2}\right)$，其图形如图 1-14 所示.

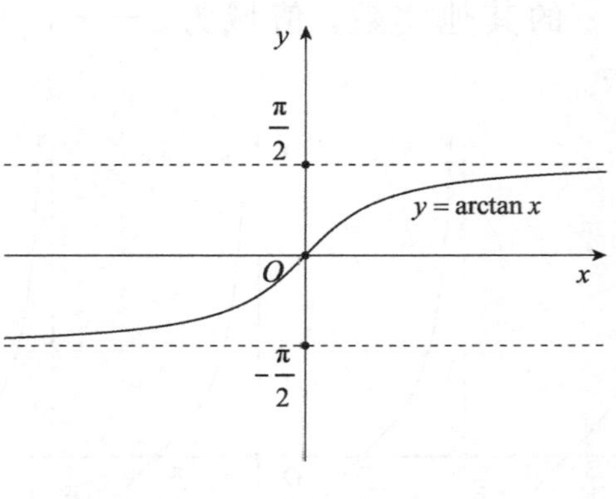

图 1-14

反余切函数 $y=\operatorname{arccot} x$ 的定义域为$(-\infty, +\infty)$，值域为$(0, \pi)$，其图形如图 1-15 所示.

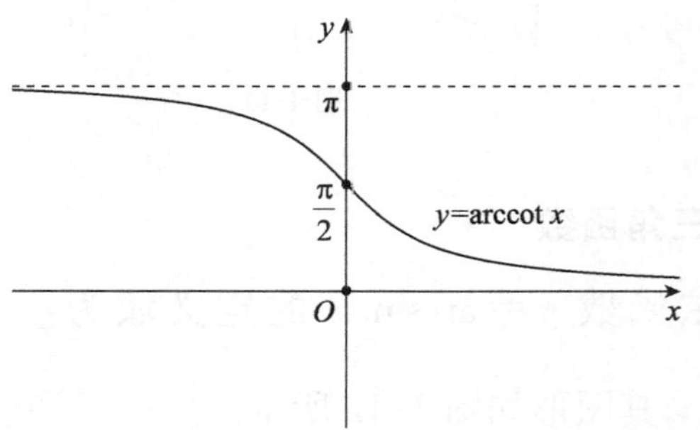

图 1-15

由基本初等函数经过有限次的四则运算和复合运算后所得到的一切函数，统称为**初等函数**. 不是初等函数的函数，称为**非初等函数**，例如，狄利克雷函数是非初等函数.

1.2.7　具有某种特殊属性的函数

1. 有界函数

设函数 $y=f(x)$在实数集 A 上有定义，若存在正数 M，使得对所有 $x\in A$，均有$|f(x)|\leqslant M$，则称 $y=f(x)$在 A 上**有界**. 若不存在这样的正数 M，则称 $y=f(x)$在 A 上**无界**.

例如，正弦函数 $y=\sin x$，余项函数 $y=\cos x$ 均在 $\mathbf{R}$ 上有界，而函数 $y=\dfrac{1}{x}$在$(0, 1)$上无界，但在$[1, +\infty)$上有界.

2. 奇函数和偶函数

设函数 $y=f(x)$在实数集 A 上有定义，

(1) 若对所有 $x\in A$，有 $f(-x)=f(x)$，则称 $f(x)$为 A 上的**偶函数**；

(2) 若对所有 $x\in A$，有 $f(-x)=-f(x)$，则称 $f(x)$为 A 上的**奇函数**.

例 1-6　判断函数 $f(x)=x^2$ 和 $g(x)=x^3$ 的奇偶性.

解：本题中两个函数的定义域均为$(-\infty, +\infty)$. 由奇偶函数定义，由于

$$f(-x)=(-x)^2=x^2=f(x),$$

因此，$f(x)=x^2$ 为偶函数；又

$$g(-x)=(-x)^3=-x^3=-g(x),$$

因此，$g(x)=x^3$ 为奇函数.

例 1-7　判断函数 $f(x)=x+1$ 的奇偶性.

解：显然，函数定义域为$(-\infty, +\infty)$，由于

$f(-x)=-x+1\neq f(x)$，$f(-x)=-x+1\neq -f(x)$，

因此，$f(x)=x+1$ 为非奇非偶函数.

3. 周期函数

对函数 $y=f(x)$，若存在正常数 T，使得 $f(x\pm T)=f(x)$

恒成立，则称此函数为**周期函数**. 满足此等式的正数 T，称为此函数的**周期**. 例如，正弦函数 $y=\sin x$,余弦函数 $y=\cos x$均是以 2π 为周期的周期函数.

注：并不是每个周期函数均存在最小正周期. 例如，按定义，可验证：任何一个给定的正有理数均可作为狄利克雷函数的周期，但显然不存在最小的正有理数，所以狄利克雷函数不存在最小正周期.

4. 单调函数

设函数 $y=f(x)$在实数集 A 上有定义，对 A 上任意两数 x_1，x_2，当 $x_1<x_2$ 时，均有：

(1) $f(x_1)\leqslant f(x_2)$，则称 $f(x)$为 A 上**增函数**，特别地，当严格不等式 $f(x_1)<f(x_2)$成立时，称 $f(x)$为 A 上**严格增函数**；

(2) $f(x_1)\geqslant f(x_2)$，则称 $f(x)$为 A 上**减函数**，特别地，当严格不等式 $f(x_1)>f(x_2)$成立时，称 $f(x)$为 A 上**严格减函数**.

例如，由定义，容易验证：函数 $y=2x+1$ 为$(-\infty,+\infty)$上严格增函数；而函数 $y=x^2$ 在$(-\infty,0]$上为严格减函数.

1.2.8　其他常用公式或三角函数值

下面，我们不加证明地给出中学数学课程中部分常用三角公式、特殊三角函数值、部分常见恒等式、一元二次方程求根公式及部分常见不等式，以备后面章节求解需要.

1. 部分常见三角函数公式

(1) $\sin(a+b)=\sin a\cos b+\cos a\sin b$.

(2) $\sin(a-b)=\sin a\cos b-\cos a\sin b$.

(3) $\cos(a+b)=\cos a\cos b-\sin a\sin b$.

(4) $\cos(a-b)=\cos a\cos b+\sin a\sin b$.

(5) $\sin^2 x+\cos^2 x=1$.

(6) $\tan x=\dfrac{\sin x}{\cos x}$.

(7) $1+\tan^2 x=\dfrac{1}{\cos^2 x}$.

2. 部分特殊三角函数值

$\sin 0=0$，$\sin \frac{\pi}{6}=\frac{1}{2}$，$\sin \frac{\pi}{4}=\frac{\sqrt{2}}{2}$，$\sin \frac{\pi}{3}=\frac{\sqrt{3}}{2}$，$\sin \frac{\pi}{2}=1$，

$\cos 0=1$，$\cos \frac{\pi}{6}=\frac{\sqrt{3}}{2}$，$\cos \frac{\pi}{4}=\frac{\sqrt{2}}{2}$，$\cos \frac{\pi}{3}=\frac{1}{2}$，$\cos \frac{\pi}{2}=0$.

3. 部分常见恒等式

(1) 完全平方式：$(a+b)^2=a^2+2ab+b^2$.

(2) 平方差公式：$a^2-b^2=(a-b)(a+b)$.

(3) 立方差公式：$a^3-b^3=(a-b)(a^2+ab+b^2)$.

(4) 立方和公式：$a^3+b^3=(a+b)(a^2-ab+b^2)$.

(5) 对数恒等式：当 $x>0$ 时，$x=e^{\ln x}$.

4. 求根公式

当 $b^2-4ac\geqslant 0$ 时，一元二次方程 $ax^2+bx+c=0(a\neq 0)$ 存在实根

$$x=\frac{-b\pm\sqrt{b^2-4ac}}{2a};$$

当 $b^2-4ac<0$ 时，方程 $ax^2+bx+c=0(a\neq 0)$ 有两个复数根

$$x=\frac{-b\pm \mathrm{i}\sqrt{4ac-b^2}}{2a},$$

其中，$\mathrm{i}^2=-1$.

5. 部分常见不等式

(1) **平均不等式**　设 $a_1,a_2,\cdots,a_n$ 为 n 个非负实数，则成立不等式

$$\frac{a_1+a_2+\cdots+a_n}{n}\geqslant\sqrt[n]{a_1a_2\cdots a_n}.$$

注：此不等式可用数学归纳法证明.

(2) **柯西不等式**　对实数 $a_1,a_2,\cdots,a_n$ 和 $b_1,b_2,\cdots,b_n$，成立不等式

$$\left|\sum_{i=1}^{n}a_ib_i\right|\leqslant\sqrt{\sum_{i=1}^{n}a_i^2}\cdot\sqrt{\sum_{i=1}^{n}b_i^2}.$$

注: 此不等式可通过构造非负二次多项式证明.

(3) 当 $0<x<\frac{\pi}{2}$ 时, 成立不等式

$$\sin x<x<\tan x.$$

注: 此不等式可用几何方法证明(详见 2.3 节).

习题 1-2

1. 求下列函数的定义域:

(1) $y=\sqrt{1-x}$;　　(2) $y=\sqrt{x+2}+\sqrt{3-x}$;

(3) $y=\log_2(x^2-4)$;　　(4) $y=\sqrt{\log_2(4-x)}$.

2. 求下列函数的值域:

(1) $y=\begin{cases}-1, & x\text{ 取有理数},\\ 1, & x\text{ 取无理数};\end{cases}$

(2) $y=\sqrt{1-x}$, 其中 $-3\leqslant x\leqslant 0$;

(3) $y=\sqrt{9-x^2}$.

3. 写出下列各题中由所给函数构成的复合函数:

(1) $y=u^2$, $u=\cos x$;　　(2) $y=\sqrt{u}$, $u=1-x$;

(3) $y=\log_2 u$, $u=x^2+1$;　(4) $y=e^u$, $u=\frac{1}{x}$.

4. 指出下列函数的复合过程:

(1) $y=\sin 3x$;　　(2) $y=\sqrt{1-2x}$;

(3) $y=e^{x^2}$;　　(4) $y=\arcsin\sqrt{x}$.

5. 设 $f(x)=\frac{1}{1-x}$, 求 $f[f(x)]$ 和 $f\{f[f(x)]\}$.

6. 设 $f(x-1)=\begin{cases}2x, & |x|\leqslant 1,\\ x^2, & 1<|x|\leqslant 2,\end{cases}$ 求 $f(x)$.

7. 求下列函数的反函数:

(1) $y=4-5x$, 其中 $-1\leqslant x\leqslant 3$;

(2) $y=x^2$, 其中 $-3\leqslant x\leqslant -1$;

(3) $y=\frac{1}{x-1}$，其中 $x\neq 1$；

(4) $y=x^3-2$，其中 $1<x\leqslant 2$.

8. 证明下列函数有界：

(1) $f(x)=\frac{1}{x^2+2}$；　　(2) $f(x)=\frac{1}{2^x+1}$.

9. 判断下列函数的奇偶性：

(1) $f(x)=\frac{1}{x}$；　　(2) $f(x)=x^2+|x|$；

(3) $f(x)=2^x+2^{-x}$；　　(4) $f(x)=x\sin x$；

(5) $f(x)=\log_3\frac{10-x}{10+x}$；　　(6) $f(x)=\log_5(\sqrt{x^2+1}-x)$.

10. 证明：任何一个给定的正有理数均是狄利克雷函数的周期.

11. 判断下列函数的单调性：

(1) $f(x)=2-3x$；　　(2) $f(x)=3^{-x}$；

(3) $f(x)=x^2$；　　(4) $f(x)=x^3$.

第2章　函数极限与连续

在大学数学的学习中，极限是最重要的概念之一，诸多数学中的概念，如微分、积分、级数收敛等都建立在极限概念的基础上. 本章讨论函数极限的定义、性质及其基本计算，并在此基础上讨论函数的连续性与间断点.

2.1　函数极限

本节直接介绍函数在一点处及无穷远处极限存在的概念，然后给出无穷小量定义及其四则运算，为下一节极限四则运算做好准备.

2.1.1　函数在一点处的极限

定义1(描述性定义)　设函数 $y=f(x)$ 在点 x_0 的某个空心邻域 $\mathring{U}(x_0)$ 内有定义，如果当自变量 x 在此邻域中取值并无限靠近 x_0 时，对应的函数值 $f(x)$ 也无限靠近某一确定常数 c，则称函数 $f(x)$ 在点 x_0 处以 c 为极限，记为

$$\lim_{x\to x_0} f(x)=c.$$

注：

(1) 定义1中并不要求函数 $f(x)$ 在点 x_0 处有定义.

(2) 定义1中的无限靠近并没有限定只能从一边靠近，可以来回跳跃式靠近，或单边跳跃式靠近.

上述定义1为函数在一点处极限存在的描述性定义，其中，自变量 x 无限靠近 x_0，函数值 $f(x)$ 无限靠近常数 c 等描述充满动感，但缺乏数学严谨性. 下面，我们给出函数在一点处极

限的严格数学定义.

定义 2 ($\boldsymbol{\varepsilon}$-$\boldsymbol{\delta}$ 定义)　设函数 $y=f(x)$在点 x_0 的某个空心邻域$\mathring{U}(x_0)$内有定义，c 为给定实数. 若对任意给定的正数 ε，总存在正数 δ，使得当自变量 $x\in U(x_0;\delta)\cap\mathring{U}(x_0)$时，均有

$$|f(x)-c|<\varepsilon,$$

则称函数 $f(x)$在点 x_0 处以 c 为极限.

注：

(1) 定义 2 中任意给定的正数 ε 用来刻画函数值 $f(x)$与常数 c 的距离无限接近的程度.

(2) 定义 2 中存在的正数 δ 用来刻画自变量 x 与定点 x_0 的接近程度，其一般要依赖事先给定的 ε.

此外，函数在一点处极限存在，也可以用图形进行刻画.

定义 3(几何定义)　对任意给定的正数 ε，若总是存在以直线 $x=x_0$ 为中心、宽为 2δ 的竖带，使函数 $y=f(x)$的图像在该竖带中的部分全部落在以直线 $y=c$ 为中心线、宽为 2ε 的带形区域内(点$(x_0，f(x_0))$可能例外(或无意义))，如图 2-1 所示，则称函数 $f(x)$在点 x_0 处以 c 为极限.

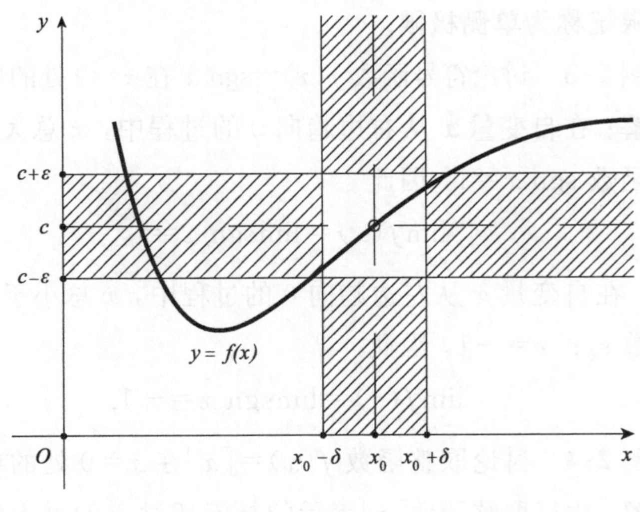

图 2-1

为方便理解，以下关于极限的定义，我们均采用描述性说法.

例 2-1　求函数 $y=f(x)=x$ 在点 x_0 处极限.

解： 显然，当自变量 x 无限靠近 x_0 时，对应函数值 x 与数

值 x_0 无限接近，因此

$$\lim_{x \to x_0} x = x_0.$$

例 2-2 求函数 $y=f(x)=\frac{x^2-1}{x-1}$在点 $x=1$ 的极限.

解： 显然，当自变量 x 无限靠近 1 时，对应函数值$\frac{x^2-1}{x-1}$与数值 2 无限接近，因此

$$\lim_{x \to 1}\frac{x^2-1}{x-1}=2.$$

2.1.2 左、右极限

定义 4 设函数 $y=f(x)$在 $\mathring{U}_+(x_0;\delta)$上有定义，$c$ 为给定实数，若当自变量 x 从右边无限靠近 x_0（记为 $x \to x_0^+$）时，对应函数值 $f(x)$无限靠近常数 c，则称 c 为函数 $f(x)$当 $x \to x_0^+$ 时的**右极限**，记作

$$\lim_{x \to x_0^+} f(x)=c.$$

同理，我们可定义函数 $f(x)$当 $x \to x_0^-$ 时的**左极限**. 左极限和右极限统称为**单侧极限**.

例 2-3 讨论符号函数 $f(x)=\text{sgn}\, x$ 在 $x=0$ 处的单侧极限.

解： 在自变量 x 从右边趋向 0 的过程中，x 总大于 0，此时符号函数 $\text{sgn}\, x=1$，因此

$$\lim_{x \to 0^+} f(x)=\lim_{x \to 0^+}\text{sgn}\, x=1,$$

同理，在自变量 x 从左边趋向 0 的过程中，x 总小于 0，此时符号函数 $\text{sgn}\, x=-1$，因此

$$\lim_{x \to 0^-} f(x)=\lim_{x \to 0^-}\text{sgn}\, x=-1.$$

例 2-4 讨论取整函数 $f(x)=[x]$在 $x=0$ 处的单侧极限.

解： 由于取整函数$[x]$表示的是不超过 x 的最大整数，在自变量 x 从右边无限趋向 0 的过程中，$0<x<1$，此时取整函数$[x]=0$，因此

$$\lim_{x \to 0^+} f(x)=\lim_{x \to 0^+}[x]=0,$$

而在自变量 x 从左边无限趋向 0 的过程中，$-1<x<0$，此时取

整函数$[x]=-1$，因此

$$\lim_{x\to 0^-}f(x)=\lim_{x\to 0^-}[x]=-1.$$

关于函数极限$\lim\limits_{x\to x_0}f(x)$与相应的左、右极限间的关系，有如下定理.

定理1　$\lim\limits_{x\to x_0}f(x)=c$ 的充分必要条件是

$$\lim_{x\to x_0^+}f(x)=\lim_{x\to x_0^-}f(x)=c.$$

由定理1，显然，例2-3中的符号函数 $\operatorname{sgn} x$ 在 $x=0$ 处极限不存在；例2-4中的取整函数$[x]$在 $x=0$ 处极限也不存在.

2.1.3　函数在无穷远处的极限

定义5　设函数 $y=f(x)$在$(a,+\infty)$上有定义，c 为给定实数. 若当自变量 x 趋于正无穷(记为 $x\to+\infty$)时，对应函数值 $f(x)$无限靠近常数 c，则称函数 $f(x)$在$+\infty$处以 c 为极限，记作

$$\lim_{x\to+\infty}f(x)=c.$$

同理，我们可定义函数 $f(x)$在$-\infty$或∞处以 c 为极限.

例2-5　讨论函数 $f(x)=\dfrac{1}{x}$在∞处的极限.

解：当自变量 x 趋于无穷时，对应函数值$\dfrac{1}{x}$与数值0无限接近，因此

$$\lim_{x\to\infty}f(x)=\lim_{x\to\infty}\frac{1}{x}=0.$$

例2-6　讨论函数 $f(x)=\arctan x$ 在$+\infty$处和$-\infty$处的极限.

解：当自变量 x 趋于正无穷时，由第1章图1-14知，其对应函数值 $\arctan x$ 与数值$\dfrac{\pi}{2}$无限接近，因此

$$\lim_{x\to+\infty}\arctan x=\frac{\pi}{2}.$$

同理有

$$\lim_{x\to-\infty}f(x)=\lim_{x\to-\infty}\arctan x=-\frac{\pi}{2}.$$

2.1.4 无穷小量及其四则运算

函数在一点处或无穷远处极限存在，其本质是在自变量 x 的某一极限过程中，对应的函数值 $f(x)$ 有明确变化趋势. 若不特别指出，自变量 x 的某一极限过程，指的是下列六种情形中的一种：$x\to x_0$，$x\to x_0^+$，$x\to x_0^-$，$x\to\infty$，$x\to+\infty$，$x\to-\infty$.

定义 6 若在自变量 x 的某一极限过程中，对应函数值 $f(x)\left(\dfrac{1}{f(x)}\right)$ 以 0 为极限，则称 $f(x)$ 为自变量 x 在此极限过程中的**无穷小(大)量**.

例如，当 $x\to 1$ 时，$f(x)=(x-1)^2\to 0$，$g(x)=\ln x\to 0$，故 $(x-1)^2$ 和 $\ln x$ 都是 $x\to 1$ 过程中的无穷小量，而当 $x\to 1$ 时，$h(x)=x^2\to 1\neq 0$，故 x^2 不是 $x\to 1$ 过程中的无穷小量.

下面，我们不加证明地给出两个与无穷小量有关的定理.

定理 2 在自变量 x 的某一极限过程中，函数 $f(x)$ 以 c 为极限的充分必要条件是在自变量 x 的某一极限过程中，$f(x)-c$ 是无穷小量.

定理 3 在自变量 x 的某一极限过程中，若函数 $f(x)$，$g(x)$ 均是无穷小量，则在自变量 x 的这一极限过程中，$f(x)+g(x)$，$f(x)-g(x)$，$f(x)g(x)$ 仍是无穷小量.

例如，当 $x\to 0$ 时，$f(x)=x^2\to 0$，$g(x)=\sin x\to 0$，因此，当 $x\to 0$ 时，$x^2+\sin x$，$x^2-\sin x$，$x^2\sin x$ 均是无穷小量.

推论 在自变量 x 的某一极限过程中，若函数 $f(x)$ 是无穷小量且函数 $h(x)$ 为有界函数，则在自变量 x 的这一极限过程中，$f(x)h(x)$ 仍是无穷小量.

例如，当 $x\to 0$ 时，$f(x)=x\to 0$，又 $g(x)=\cos\dfrac{1}{x}$，$\left|\cos\dfrac{1}{x}\right|\leqslant 1$ 为有界变量，故当 $x\to 0$ 时，$x\cos\dfrac{1}{x}$ 是无穷小量.

习题 2-1

1. 设 $f(x)=\begin{cases}x, & x<2,\\ x^2, & x\geqslant 2,\end{cases}$ 作出 $f(x)$ 的图形，并讨论当 $x\to 2$时，$f(x)$的左、右极限.

2. 证明：$\lim\limits_{x\to 0}\dfrac{|x|}{x}$不存在.

3. 当 $x\to 0$ 时，下列变量中哪些是无穷小量？

$$x(x-1),\ \sqrt{x+2},\ x+1,\ \ln(1+x),$$

$$2^x-1,\ \frac{x}{1+x^2},\ x\arctan\frac{1}{x}.$$

4. 当 $x\to\infty$时，下列变量中哪些是无穷小量？

$$\frac{1}{x^2},\ 2^x,\ \frac{x}{1+x^2},\ \frac{\sin x}{x}.$$

2.2 极限运算

本节给出变量极限的四则运算和复合运算，并利用这些运算法则，求某些变量的极限.

定理 4　设在自变量 x 的某一极限过程中，函数 $f(x)$，$g(x)$ 分别以 c_1，c_2 为极限，则在自变量 x 的此极限过程中，函数 $f(x)+g(x)$，$f(x)-g(x)$，$f(x)g(x)$ 分别以 c_1+c_2，c_1-c_2，c_1c_2 为极限.

证：由定理 2、定理 3 及定理 3 的推论容易得到定理 4 的结论.

例 2-7　求$\lim\limits_{x\to 2}(x^2-2x+3)$.

解：

$$\begin{aligned}\lim_{x\to 2}(x^2-2x+3)&=\lim_{x\to 2}x^2-\lim_{x\to 2}2x+\lim_{x\to 2}3\\&=(\lim_{x\to 2}x)^2-2\lim_{x\to 2}x+3\\&=3.\end{aligned}$$

定理 5 设在自变量 x 的某一极限过程中，函数 $f(x)$，$g(x)$ 分别以 c_1，c_2 为极限，且 $c_2 \neq 0$，则在自变量 x 的此极限过程中，函数 $\frac{f(x)}{g(x)}$ 以 $\frac{c_1}{c_2}$ 为极限.

例 2-8 求 $\lim\limits_{x\to 1}\frac{x^2-2x}{x+1}$.

解：由于

$$\lim_{x\to 1}(x^2-2x)=\lim_{x\to 1}x^2-\lim_{x\to 1}2x=(\lim_{x\to 1}x)^2-2\lim_{x\to 1}x=-1,$$

$$\lim_{x\to 1}(x+1)=2\neq 0,$$

因此

$$\lim_{x\to 1}\frac{x^2-2x}{x+1}=\frac{\lim\limits_{x\to 1}(x^2-2x)}{\lim\limits_{x\to 1}(x+1)}=-\frac{1}{2}.$$

例 2-9 求 $\lim\limits_{x\to 1}\frac{x-x^2}{x-1}$.

解：由于 $\lim\limits_{x\to 1}(x-1)=0$，所以不能直接用定理 5 计算. 但注意到

$$\frac{x-x^2}{x-1}=\frac{-x(x-1)}{x-1}=-x,$$

因此

$$\lim_{x\to 1}\frac{x-x^2}{x-1}=\lim_{x\to 1}\frac{-x(x-1)}{x-1}=\lim_{x\to 1}(-x)=-1.$$

例 2-10 已知 $f(x)=\begin{cases} x-2, & x<1, \\ \dfrac{x-1}{x^3-1}, & x>1, \end{cases}$ 求 $\lim\limits_{x\to 1}f(x)$.

解：显然，当自变量 x 从左边无限趋向 1 时，有

$$\lim_{x\to 1^-}f(x)=\lim_{x\to 1^-}(x-2)=-1,$$

当自变量 x 从右边无限趋向 1 时，有

$$\lim_{x\to 1^+}f(x)=\lim_{x\to 1^+}\frac{x-1}{x^3-1}=\lim_{x\to 1^+}\frac{x-1}{(x-1)(x^2+x+1)}$$

$$=\lim_{x\to 1^+}\frac{1}{x^2+x+1}=\frac{1}{3},$$

故

$$\lim_{x\to 1^-}f(x)\neq\lim_{x\to 1^+}f(x),$$

因此，由定理 1 知$\lim\limits_{x\to 1}f(x)$不存在.

下面，我们不加证明地给出基本初等函数求极限和复合函数求极限的相关定理.

定理 6 若$f(x)$是基本初等函数且定义域为A，而$x_0\in A$，则$\lim\limits_{x\to x_0}f(x)=f(x_0)$.

例如，$\sqrt{x}$是基本初等函数，它在$x=4$处有定义，故$\lim\limits_{x\to 4}\sqrt{x}=\sqrt{4}=2$.

例 2-11 求$\lim\limits_{x\to 4}\dfrac{\sqrt{x}-2}{x-4}$.

解： 由于$\lim\limits_{x\to 4}(x-4)=0$，所以不能直接用定理 5 计算. 但注意到

$$\frac{\sqrt{x}-2}{x-4}=\frac{(\sqrt{x}-2)(\sqrt{x}+2)}{(x-4)(\sqrt{x}+2)}=\frac{x-4}{(x-4)(\sqrt{x}+2)}=\frac{1}{\sqrt{x}+2},$$

再利用定理 6，因此

$$\lim_{x\to 4}\frac{\sqrt{x}-2}{x-4}=\lim_{x\to 4}\frac{1}{\sqrt{x}+2}=\frac{1}{4}.$$

定理 7 设$\lim\limits_{x\to x_0}g(x)=a$，又函数$y=f(u)$在$u=a$处有定义且$\lim\limits_{u\to a}f(u)=f(a)$，则

$$\lim_{x\to x_0}f[g(x)]=f[\lim_{x\to x_0}g(x)]=f(a).$$

定理 7 表明，求复合函数$f[g(x)]$的极限时，在满足定理 7 的条件下，函数符号和极限记号可以交换次序；或者，作代换$u=g(x)$，可以把求$\lim\limits_{x\to x_0}f[g(x)]$化为求$\lim\limits_{u\to a}f(u)$，这里$a=\lim\limits_{x\to x_0}g(x)$.

例 2-12 求$\lim\limits_{x\to 3}\sqrt{1+x^2}$.

解： 由定理 7，

$$\lim_{x\to 3}\sqrt{1+x^2}=\sqrt{\lim_{x\to 3}(1+x^2)}=\sqrt{10}.$$

习题 2-2

1. 求下列各式极限：

(1) $\lim\limits_{x\to 1}(x^2+2x+3)$；　(2) $\lim\limits_{x\to 0}\left(2-\dfrac{1}{x-1}\right)$；

(3) $\lim\limits_{x\to 2}\dfrac{x^2-1}{x^3+x^2+2}$；　(4) $\lim\limits_{x\to 0}\dfrac{(a+x)^2-a^2}{x}$；

(5) $\lim\limits_{x\to 1}\dfrac{1-x^2}{x^2+2x-3}$；　(6) $\lim\limits_{x\to \infty}\dfrac{x^2-1}{x^2+x+2}$；

(7) $\lim\limits_{x\to \infty}\dfrac{(x+1)^{20}}{(2x-1)^{10}(3x+2)^{10}}$；　(8) $\lim\limits_{x\to \infty}\left(2+\dfrac{1}{x}\right)\left(3-\dfrac{1}{x^2}\right)$；

(9) $\lim\limits_{x\to 0}\dfrac{x}{1-\sqrt{1+x}}$；　(10) $\lim\limits_{x\to 4}\dfrac{\sqrt{x}-2}{\sqrt{x+5}-3}$；

(11) $\lim\limits_{x\to 1}\left(\dfrac{1}{1-x}-\dfrac{3}{1-x^3}\right)$；

(12) $\lim\limits_{x\to +\infty}(\sqrt{x^2+x}-\sqrt{x^2+1})$.

2. 若$\lim\limits_{x\to 2}\dfrac{x^2+3x+k}{x-2}$存在，求常数 k 的值.

3. 若$\lim\limits_{x\to 1}\dfrac{x^2+ax+b}{x-1}=2$ 存在，求常数 a，b 的值.

2.3　极限存在准则和两个重要极限

本节先不加证明地给出判定极限存在的两个准则，然后，作为这两个准则的应用，我们给出两个重要极限公式.

2.3.1　两边夹准则

定理 8（两边夹准则）　若

(1) 当 $x\in \mathring{U}(x_0)$（或$|x|>M$）时，有 $g(x)\leqslant f(x)\leqslant h(x)$；

(2) $\lim\limits_{x\to x_0}g(x)=\lim\limits_{x\to x_0}h(x)=c$（或 $\lim\limits_{x\to \infty}g(x)=\lim\limits_{x\to \infty}h(x)=c$），

则

$$\lim_{x\to x_0}f(x)=c\ (\text{或}\ \lim_{x\to\infty}f(x)=c).$$

作为两边夹准则的应用，下面我们证明第一个重要极限公式

$$\lim_{x\to 0}\frac{\sin x}{x}=1. \tag{2-1}$$

注意到，$\frac{\sin x}{x}$对一切 $x\neq 0$ 有定义且为偶函数，由函数极限存在的充要条件，我们只需证明$\lim\limits_{x\to 0^+}\frac{\sin x}{x}=1$.

如图 2-2 所示，在单位圆中，$OA=OB=1$. 设圆心角$\angle AOB=x\left(0<x<\frac{\pi}{2}\right)$，点 A 处的切线与 OB 延长线相交于点 D，$BC\perp OA$，则

$$\sin x=CB,\ x=\overset{\frown}{AB},\ \tan x=AD.$$

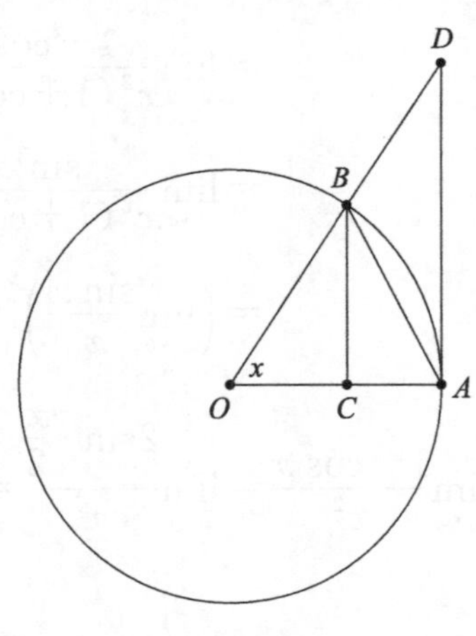

图 2-2

又因为 $S_{\triangle OAB}<S_{\text{扇形}OAB}<S_{\triangle OAD}$，所以

$$\frac{1}{2}\sin x<\frac{1}{2}x<\frac{1}{2}\tan x,$$

整理后可得

$$\cos x<\frac{\sin x}{x}<1,$$

由定理 6，$\lim\limits_{x\to 0}\cos x=\cos 0=1$，由定理 8，令 $x\to 0^+$，即得

$$\lim_{x\to 0^+}\frac{\sin x}{x}=1.$$

例 2-13 求$\lim\limits_{x\to 0}\frac{\sin 2x}{x}$.

解:

方法一：$$\lim_{x\to 0}\frac{\sin 2x}{x}=\lim_{x\to 0}\frac{2\sin x\cos x}{x}=2\lim_{x\to 0}\frac{\sin x}{x}\cdot\lim_{x\to 0}\cos x=2;$$

方法二：$$\lim_{x\to 0}\frac{\sin 2x}{x}=\lim_{x\to 0}\frac{2\sin 2x}{2x}=2.$$

例 2-14 求$\lim\limits_{x\to 0}\frac{1-\cos x}{x^2}$.

解:

方法一：$$\lim_{x\to 0}\frac{1-\cos x}{x^2}=\lim_{x\to 0}\frac{(1-\cos x)(1+\cos x)}{x^2(1+\cos x)}=\lim_{x\to 0}\frac{1-\cos^2 x}{x^2(1+\cos x)}=\lim_{x\to 0}\frac{\sin^2 x}{x^2(1+\cos x)}=\left(\lim_{x\to 0}\frac{\sin x}{x}\right)^2\cdot\lim_{x\to 0}\frac{1}{1+\cos x}=\frac{1}{2};$$

方法二：$$\lim_{x\to 0}\frac{1-\cos x}{x^2}=\lim_{x\to 0}\frac{2\sin^2\frac{x}{2}}{x^2}=\frac{1}{2}\lim_{x\to 0}\frac{\sin^2\frac{x}{2}}{\left(\frac{x}{2}\right)^2}=\frac{1}{2}\left(\lim_{x\to 0}\frac{\sin\frac{x}{2}}{\frac{x}{2}}\right)^2=\frac{1}{2}.$$

2.3.2 单调有界准则

对于$x\to x_0^+$，$x\to x_0^-$，$x\to+\infty$，$x\to-\infty$这四种类型的单侧极限，以$x\to+\infty$为例，我们给出函数极限的单调有界准则.

定理 9(单调有界准则) 设函数$f(x)$在$U(+\infty)$上有定义且单调有界，则$\lim\limits_{x\to+\infty}f(x)$存在.

利用定理 8 和定理 9，可得到第二个重要极限公式

$$\lim_{x\to\infty}\left(1+\frac{1}{x}\right)^{x}=\mathrm{e}. \qquad (2\text{-}2)$$

例 2-15　求$\lim\limits_{t\to0}(1+3t)^{\frac{1}{t}}$.

解：令 $x=3t$，则 $t=\frac{x}{3}$，且 $t\to0$ 时，$x\to0$，因此

$$\lim_{t\to0}(1+3t)^{\frac{1}{t}}=\lim_{x\to0}(1+x)^{\frac{3}{x}}=\lim_{x\to0}[(1+x)^{\frac{1}{x}}]^{3}$$

$$=[\lim_{x\to0}(1+x)^{\frac{1}{x}}]^{3}=\mathrm{e}^{3}.$$

例 2-16　求 $\lim\limits_{x\to+\infty}\left(\frac{3x-2}{3x+1}\right)^{2x-1}$.

解：由于$\frac{3x-2}{3x+1}=1+\frac{-3}{3x+1}$，令 $t=\frac{-3}{3x+1}$，则 $x=-\frac{1}{t}-\frac{1}{3}$，且当 $x\to+\infty$时，$t\to0^{-}$，

因此

$$\lim_{x\to+\infty}\left(\frac{3x-2}{3x+1}\right)^{2x-1}=\lim_{t\to0^{-}}(1+t)^{-\frac{2}{t}-\frac{5}{3}}$$

$$=\lim_{t\to0^{-}}(1+t)^{-\frac{2}{t}}\cdot\lim_{t\to0^{-}}(1+t)^{-\frac{5}{3}}$$

$$=[\lim_{t\to0^{-}}(1+t)^{\frac{1}{t}}]^{-2}$$

$$=\mathrm{e}^{-2}.$$

(＊)**定理 9 的证明**：先证明，当 $x\geqslant1$ 时，函数$\left(1+\frac{1}{[x]}\right)^{[x]}$递增，即要证明

$$\left(1+\frac{1}{[x]}\right)^{[x]}\leqslant\left(1+\frac{1}{[x]+1}\right)^{[x]+1},$$

其中，取整函数$[x]$的值为正整数. 将$\left(1+\frac{1}{[x]}\right)^{[x]}$视为$\frac{1}{1+[x]}$自乘$[x]$次后，再乘上 1，故可看成$[x]+1$ 个数的乘积，由 1.2.8 中的平均不等式，得到

$$\left(1+\frac{1}{[x]}\right)^{[x]}=1\cdot\left(1+\frac{1}{[x]}\right)^{[x]}\leqslant\left(\frac{[x](1+\frac{1}{[x]})+1}{[x]+1}\right)^{[x]+1}$$

$$=\left(\frac{[x]+2}{[x]+1}\right)^{[x]+1}=\left(1+\frac{1}{[x]+1}\right)^{[x]+1},$$

故当 $x\geqslant 1$ 时，函数 $\left(1+\frac{1}{[x]}\right)^{[x]}$ 递增.

同理，利用平均不等式，当 $x>1$ 时，我们有

$$1\cdot\left(\frac{[x]}{[x]+1}\right)^{[x]+1}\leqslant\left[\frac{([x]+1)\left(\frac{[x]}{[x]+1}\right)+1}{[x]+2}\right]^{[x]+2}$$

$$=\left(\frac{[x]+1}{[x]+2}\right)^{[x]+2},$$

整理后，即证，当 $x\geqslant 1$ 时，函数 $\left(1+\frac{1}{[x]}\right)^{[x]+1}$ 递减且小于 4.

又显然有

$$\left(1+\frac{1}{[x]}\right)^{[x]}<\left(1+\frac{1}{[x]}\right)^{[x]+1},$$

故当 $x\geqslant 1$ 时，$\left(1-\frac{1}{[x]}\right)^{[x]}<4$. 由定理 9，知 $\lim\limits_{x\to+\infty}\left(1+\frac{1}{[x]}\right)^{[x]}$ 存在，记其极限值为 e.

又当 $x\geqslant 1$ 时

$$\left(1+\frac{1}{[x]+1}\right)^{[x]}\leqslant\left(1+\frac{1}{x}\right)^{x}\leqslant\left(1+\frac{1}{[x]}\right)^{[x]+1},$$

而

$$\lim_{x\to+\infty}\left(1+\frac{1}{[x]+1}\right)^{[x]}=\lim_{x\to+\infty}\left(1+\frac{1}{[x]+1}\right)^{[x]+1}\cdot\lim_{x\to+\infty}\left(1+\frac{1}{[x]+1}\right)^{-1}$$

$$=\mathrm{e},$$

$$\lim_{x\to+\infty}\left(1+\frac{1}{[x]}\right)^{[x]+1}=\lim_{x\to+\infty}\left(1+\frac{1}{[x]}\right)^{[x]}\cdot\lim_{x\to+\infty}\left(1+\frac{1}{[x]}\right)=\mathrm{e},$$

由定理 8，知

$$\lim_{x\to+\infty}\left(1+\frac{1}{x}\right)^{x}=\mathrm{e}.$$

作代换 $x=-t$，则

$$\left(1+\frac{1}{x}\right)^{x}=\left(1-\frac{1}{t}\right)^{-t}=\left(1+\frac{1}{t-1}\right)^{t},$$

且当 $x\to-\infty$ 时，$t\to+\infty$，从而有

$$\begin{aligned}\lim_{x\to-\infty}\left(1+\frac{1}{x}\right)^x&=\lim_{t\to+\infty}\left(1+\frac{1}{t-1}\right)^t\\&=\lim_{t\to+\infty}\left(1+\frac{1}{t-1}\right)^{t-1}\cdot\lim_{t\to+\infty}\left(1+\frac{1}{t-1}\right)\\&=\mathrm{e}.\end{aligned}$$

由函数极限存在的充要条件，即得$\lim\limits_{x\to\infty}\left(1+\dfrac{1}{x}\right)^x=\mathrm{e}$.

令 $t=\dfrac{1}{x}$，我们还常用到另一个等价的极限形式

$$\lim_{t\to 0}(1+t)^{\frac{1}{t}}=\mathrm{e}. \tag{2-3}$$

习题 2-3

1. 求下列极限：

(1) $\lim\limits_{x\to 0}\dfrac{\sin 3x}{\sin 5x}$；　(2) $\lim\limits_{x\to 0}\dfrac{\tan 3x}{2x}$；

(3) $\lim\limits_{x\to 0}\dfrac{\sin x^3}{(\sin x)^2}$；　(4) $\lim\limits_{x\to 0}\dfrac{\sin x-x}{\sin x+x}$；

(5) $\lim\limits_{x\to 0}\dfrac{x\sin x}{1-\cos 2x}$；　(6) $\lim\limits_{x\to 0}\dfrac{\tan x-\sin x}{x^3}$；

(7) $\lim\limits_{x\to 2}\dfrac{\sin x-\sin 2}{x-2}$；　(8) $\lim\limits_{x\to 0}\dfrac{\sin 3x}{\sqrt{x+1}-1}$.

2. 求下列极限：

(1) $\lim\limits_{x\to 0}(1-x)^{\frac{1}{x}}$；　(2) $\lim\limits_{x\to\infty}\left(1+\dfrac{2}{x}\right)^x$；

(3) $\lim\limits_{x\to 0}(1+\tan 2x)^{\frac{3}{x}}$；　(4) $\lim\limits_{x\to 0}\left(\dfrac{1+x}{1-x}\right)^{\frac{2}{x}}$；

(5) $\lim\limits_{x\to\infty}\left(\dfrac{2x-1}{2x+3}\right)^{-x}$；　(6) $\lim\limits_{x\to 0}\dfrac{\ln(1+2x)}{\sin x}$；

(7) $\lim\limits_{x\to 1}x^{\frac{1}{1-x}}$；　(8) $\lim\limits_{x\to 0}\dfrac{2^x-1}{x}$.

2.4 函数的连续性

函数是自然界中各种变量间依存关系的一种具体反映. 当自变量有微小变动时，我们往往期望对应函数值的变化也很微小，这里蕴含着所研究的函数具有的一种性质，即函数的连续性. 本节先给出函数在一点处连续的概念，再将之推广至区间，最后给出函数在一点处间断的定义及间断点分类.

2.4.1 函数连续性的概念

下面，我们先定义函数在一点处的连续性，然后再定义函数在区间上的连续性.

定义 7 设函数 $y=f(x)$ 在 x_0 的某个邻域 $U(x_0)$ 内有定义，若

$$\lim_{x\to x_0} f(x) = f(x_0), \tag{2-4}$$

则称 $f(x)$**在点 x_0 处连续**.

例如，由 2.2 中定理 6 知，基本初等函数在其定义开区间上每一点都是连续的；又如，函数 $f(x)=\begin{cases} x\cos\dfrac{1}{x}, & x\neq 0, \\ 0, & x=0 \end{cases}$ 在点 $x=0$ 处连续，因为

$$\lim_{x\to 0} f(x)=\lim_{x\to 0} x\cos\frac{1}{x}=0=f(0).$$

为引入函数 $y=f(x)$ 在点 x_0 处连续的另一种描述(也为了下一章函数可导概念的需要)，记 $\Delta x=x-x_0$ 表示**自变量 x**(在点 x_0 处) **的增量**；当自变量 x 在 $U(x_0)$ 中由 x_0 变动到 $x_0+\Delta x$ 时，对应的函数值 y 由 $f(x_0)$ 变动到 $f(x_0+\Delta x)$，记 $\Delta y=f(x_0+\Delta x)-f(x_0)$ 表示**函数值 $f(x)$**(在点 x_0 处)**的增量**. 引入增量的概念后，则"函数 $f(x)$ 在点 x_0 处连续"等价于

$$\lim_{\Delta x\to 0}\Delta y=\lim_{\Delta x\to 0}[f(x_0+\Delta x)-f(x_0)]=0.$$

对应函数 $f(x)$ 在 x_0 处左、右极限的概念，我们给出左、右

连续的定义.

定义 8　设函数 $y=f(x)$ 在点 x_0 的某一右邻域 $U_+(x_0)$（左邻域 $U_-(x_0)$）内有定义，若

$$\lim_{x\to x_0^+}f(x)=f(x_0)\ \left(\lim_{x\to x_0^-}f(x)=f(x_0)\right), \tag{2-5}$$

则称 $f(x)$ **在点 x_0 处右(左)连续.**

例如，函数 $f(x)=\sqrt{x-1}$ 在点 $x=1$ 处右连续，因为

$$\lim_{x\to 1^+}f(x)=\lim_{x\to 1^+}\sqrt{x-1}=0=f(1).$$

而函数 $f(x)=\sqrt{1-x}$ 在点 $x=1$ 处左连续，因为

$$\lim_{x\to 1^-}f(x)=\lim_{x\to 1^-}\sqrt{1-x}=0=f(1).$$

由定义 7 和定义 8，可推出如下定理.

定理 10　设函数 $y=f(x)$ 在 x_0 的某个邻域 $U(x_0)$ 内有定义，则函数 $f(x)$ 在 x_0 处连续的充分必要条件是：$f(x)$ 在 x_0 处既是左连续，又是右连续.

例 2-17　分别考察函数 $f(x)=\begin{cases}x-1, & x\leqslant 0,\\ x^2, & 0<x\leqslant 1,\\ 2x-1, & x>1\end{cases}$ 在点 $x=0$ 及 $x=1$ 处的连续性.

解：由于

$$\lim_{x\to 0^-}f(x)=\lim_{x\to 0^-}(x-1)=-1=f(0),$$

$$\lim_{x\to 0^+}f(x)=\lim_{x\to 0^+}x^2=0\neq f(0),$$

故所给函数在点 $x=0$ 处左连续，但不右连续，因此其在 $x=0$ 处不连续；

而在 $x=1$ 处

$$\lim_{x\to 1^-}f(x)=\lim_{x\to 1^-}x^2=1=f(1),$$

$$\lim_{x\to 1^+}f(x)=\lim_{x\to 1^+}(2x-1)=1=f(1),$$

因此，所给函数在点 $x=1$ 处连续.

定义 9　如果函数 $y=f(x)$ 在区间 (a,b) 上每一点都连续，且在区间左端点 $x=a$ 处右连续，在区间右端点 $x=b$ 处左连续，则称 **$f(x)$ 在 $[a,b]$ 上连续**，并称 $[a,b]$ 为函数 $f(x)$ 的连续

区间.

一切基本初等函数在其定义域中都是连续的. 因此，我们可以利用函数连续性的定义及初等函数的连续性，直接求初等函数在某点处的极限值.

例 2-18 求$\lim\limits_{x\to 2}(x^2+\sin 2x)$.

解：因为 $x^2+\sin 2x$ 为初等函数，在 $x=2$ 处连续，故

$$\lim_{x\to 2}(x^2+\sin 2x)=4+\sin 4.$$

例 2-19 求$\lim\limits_{x\to 1}\dfrac{e^{3x}}{\arcsin x}$.

解：因为$\dfrac{e^{3x}}{\arcsin x}$为初等函数，在 $x=1$ 处连续，故

$$\lim_{x\to 1}\frac{e^{3x}}{\arcsin x}=\frac{e^3}{\arcsin 1}=\frac{e^3}{\frac{\pi}{2}}=\frac{2e^3}{\pi}.$$

2.4.2 函数的间断点

定义 10 如果函数 $y=f(x)$在 x_0 处不满足连续性条件，则称$f(x)$在点 x_0 处**间断**，点 x_0 称为 $f(x)$的**不连续点**.

按此定义，若 $f(x)$在点 x_0 处间断，必出现下列情形之一：

(1) $f(x)$在点 x_0 处无定义；

(2) $\lim\limits_{x\to x_0}f(x)$不存在；

(3) $f(x)$在点 x_0 处有定义且$\lim\limits_{x\to x_0}f(x)$存在，但$\lim\limits_{x\to x_0}f(x)\neq f(x_0)$.

据此，对函数的间断点作如下分类.

1. 可去间断点

若$\lim\limits_{x\to x_0}f(x)=c$，而函数 $f(x)$在点 x_0 处无定义，或有定义但 $c\neq f(x_0)$，则称 x_0 为 $f(x)$的**可去间断点**.

例 2-20 考察函数 $f(x)=\begin{cases}x-1, & x\neq 0,\\ x, & x=0\end{cases}$ 在点 $x=0$ 处的连续性.

解：函数 $f(x)$在点 $x=0$ 处有定义且 $f(0)=0$，但

$$\lim_{x\to 0}f(x)=\lim_{x\to 0}(x-1)=-1\neq f(0).$$

因此，$f(x)$在点 $x=0$ 处不连续，$x=0$ 为 $f(x)$的可去间断点.

2. 跳跃间断点

若函数 $y=f(x)$在点 x_0 处左、右极限均存在，但

$$\lim_{x\to x_0^+}f(x)\neq \lim_{x\to x_0^-}f(x),$$

则称 x_0 为 $f(x)$的**跳跃间断点**.

例 2-21　考察取整函数 $f(x)=[x]$在点 $x=0$ 处的连续性.

解：由于

$$\lim_{x\to 0^+}f(x)=\lim_{x\to 0^+}[x]=0,$$

$$\lim_{x\to 0^-}f(x)=\lim_{x\to 0^-}[x]=-1,$$

$$\lim_{x\to 0^+}f(x)\neq \lim_{x\to 0^-}f(x).$$

因此，$f(x)$在点 $x=0$ 处不连续，$x=0$ 为 $f(x)$的跳跃间断点.

可去间断点和跳跃间断点统称**第一类间断点**. 简而言之，第一类间断点是指左、右极限均存在的间断点.

3. 第二类间断点

若函数 $y=f(x)$在点 x_0 处左、右极限中至少有一个不存在，则称 x_0 为 $f(x)$的**第二类间断点**.

例如，函数 $f(x)=\dfrac{1}{x-1}$当 $x\to 1$ 时不存在有限的极限值，故 $x=1$ 为$\dfrac{1}{x-1}$的第二类间断点.

2.4.3　闭区间上连续函数的性质

下面我们不加证明地给出闭区间上连续的三个基本性质.

定理 11　闭区间$[a, b]$上的连续函数 $y=f(x)$是有界函数，即存在常数 $M>0$，对任意$x\in[a, b]$，均有$|f(x)|\leqslant M$.

定理 12(最值定理)　闭区间$[a, b]$上的连续函数 $y=f(x)$可以取到最大值与最小值，即存在 x_1，$x_2\in[a, b]$，使得对任意$x\in[a, b]$，均有 $f(x_1)\leqslant f(x)\leqslant f(x_2)$.

定理 13(零点定理)　若函数 $y=f(x)$ 在闭区间 $[a, b]$ 上连续且满足

$$f(a)\cdot f(b)<0,$$

则至少存在一点 $\eta\in(a, b)$，使得 $f(\eta)=0$.

推论(介值定理)　闭区间 $[a, b]$ 上的连续函数 $y=f(x)$ 可以取到介于最大值与最小值之间的一切函数值.

证：由定理 12 知，函数 $f(x)$ 可以在 $[a, b]$ 上取到最小值 m 和最大值 M. 不妨设 $a\leqslant x_1<x_2\leqslant b$，且 $f(x_1)=m$，$f(x_2)=M$. 下证：对任意 $c\in(m, M)$，至少存在一点 $\eta\in(x_1, x_2)\subset(a, b)$，使得 $f(\eta)=c$.

设 $g(x)=f(x)-c$，显然函数 $g(x)$ 在 $[x_1, x_2]$ 上连续且有

$$g(x_1)=f(x_1)-c=m-c<0,$$

$$g(x_2)=f(x_2)-c=M-c>0,$$

$$g(x_1)\cdot g(x_2)<0,$$

由零点定理，至少存在一点 $\eta\in(x_1, x_2)\subset(a, b)$，使得

$$g(\eta)=f(\eta)-c=0,$$

即 $f(\eta)=c$.

例 2-22　证明：方程 $x^4-5x+1=0$ 在开区间 $(0, 1)$ 上至少有一个实根.

证明：引入辅助函数 $f(x)=x^4-5x+1$，显然 $f(x)$ 在闭区间 $[0, 1]$ 上连续，且

$$f(0)=1,\ f(1)=-3,\ f(0)\cdot f(1)<0,$$

由零点定理，存在一点 $\eta\in(0, 1)$，使得 $f(\eta)=0$，即方程 $x^4-5x+1=0$ 在开区间 $(0, 1)$ 上至少有一个实根.

习题 2-4

1. 判断函数 $f(x)=\begin{cases}x, & x\leqslant 0,\\ 2-x, & x>0\end{cases}$ 在 $x=0$ 处是否连续？并作出 $f(x)$ 的图形.

2. 确定常数 a，b 的值，使下列函数连续：

(1) $f(x)=\begin{cases} x, & x\leqslant 1, \\ 2x-a, & x>1; \end{cases}$

(2) $f(x)=\begin{cases} \dfrac{\sin 2x}{x}, & x<0, \\ x^2-2x+a, & x\geqslant 0; \end{cases}$

(3) $f(x)=\begin{cases} \dfrac{\ln(1-x)}{bx}, & x<0, \\ 2, & x=0, \\ \dfrac{\sin ax}{x}, & x>0. \end{cases}$

3. 指出下列函数的间断点并说明其类型：

(1) $f(x)=\dfrac{\sin x}{|x|}$；　　(2) $f(x)=\operatorname{sgn} x$；

(3) $f(x)=\dfrac{1}{x^2-2x-3}$；　　(4) $f(x)=\dfrac{1}{\ln|x|}$.

4. 求下列极限：

(1) $\lim\limits_{x\to 0}\sqrt{2-x}$；　　(2) $\lim\limits_{x\to 2}\dfrac{\sin 2x}{x}$；

(3) $\lim\limits_{x\to 2}(1+x)^{\frac{1}{x}}$；　　(4) $\lim\limits_{x\to 1}\dfrac{e^{2x}-1}{x}$；

(5) $\lim\limits_{x\to\infty} e^{\frac{1}{x}}$.

5. 试证下列方程在指定区间内至少有一个实根：

(1) $x^3-2x-4=0$，在区间$(1, 3)$；

(2) $x-e^x+2=0$，在区间$(0, 2)$.

6. 设函数 $f(x)$在$[0, 2a]$上连续且 $f(0)=f(2a)$. 证明：存在 $\eta\in[0, a]$，使得

$$f(\eta)=f(\eta+a).$$

7. 设函数 $f(x)$在$[a, b]$上连续，x_1，$x_2\in(a, b)$. 证明：存在 $\eta\in[a, b]$，使得

$$f(\eta)=\frac{f(x_1)+f(x_2)}{2}.$$

第3章　导数与微分

在生活实践中，除了要了解变量间的函数关系外，有时我们还会遇到如下问题：求给定函数相对于自变量的变化率或当自变量有微小变动时，求对应函数值发生的近似变动值等. 此类问题分别与函数导数及微分的概念有关. 本章以极限概念为基础，引入导数与微分定义，并给出函数求导与函数求微分运算的若干法则.

3.1　导数概念

在实际生活中，有诸多与变化率有关的问题，涉及众多不同的领域，例如，变速直线运动的瞬时速度、曲线上某点处的切线斜率、人口增长率、细杆的线密度等. 此类问题经抽象处理，可化为数学形式，并最终可用统一方式处理，此即下面我们要介绍的导数概念.

3.1.1　导数的定义

定义1　设函数 $y=f(x)$ 在 x_0 的某个邻域 $U(x_0)$ 内有定义，若极限

$$\lim_{\Delta x\to 0}\frac{f(x_0+\Delta x)-f(x_0)}{\Delta x}$$

存在，则称函数 $y=f(x)$ 在 x_0 处**可导**，并记

$$f'(x_0)=\lim_{\Delta x\to 0}\frac{f(x_0+\Delta x)-f(x_0)}{\Delta x},\tag{3-1}$$

称 $f'(x_0)$ 为函数 $y=f(x)$ 在 x_0 处的**导数值**. 若上式极限不存在，则称 $f(x)$ 在 x_0 处**不可导**.

注:

(1) 若函数 $y=f(x)$在 x_0 处可导，则 $f(x)$在 x_0 处连续.

(2) 若函数 $y=f(x)$在 x_0 处可导，则导数值 $f'(x_0)$为函数曲线上点$(x_0, f(x_0))$处的切线的斜率，即过曲线 $y=f(x)$上点$(x_0, f(x_0))$处的**切线方程:**

$$y-f(x_0)=f'(x_0)(x-x_0), \tag{3-2}$$

法线方程:

$$y-f(x_0)=-\frac{1}{f'(x_0)}(x-x_0) \quad (f'(x_0)\neq 0). \tag{3-3}$$

例 3-1 求函数 $f(x)=x^3$ 在 $x_0=2$ 处的导数值，并求曲线 $f(x)=x^3$ 在点$(2, 8)$处的切线方程和法线方程.

解: 由于

$$\begin{aligned}&\lim_{\Delta x\to 0}\frac{f(x_0+\Delta x)-f(x_0)}{\Delta x}\\&=\lim_{\Delta x\to 0}\frac{(2+\Delta x)^3-2^3}{\Delta x}\\&=\lim_{\Delta x\to 0}\frac{(2+\Delta x-2)[(2+\Delta x)^2+(2+\Delta x)\cdot 2+2^2]}{\Delta x}\\&=12,\end{aligned}$$

因此函数 $f(x)=x^3$ 在 $x_0=2$ 处的导数值等于 12. 由此知曲线 $f(x)=x^3$在点$(2, 8)$处的切线斜率为

$$k=f'(2)=12,$$

所以切线方程为

$$y-8=12(x-2)，即\ y=12x-16,$$

法线方程为

$$y-8=-\frac{1}{12}(x-2)，即\ y=-\frac{1}{12}x+\frac{49}{6}.$$

例 3-2 证明：函数 $f(x)=|x|$在 $x_0=0$ 处不可导.

证明: 因为

$$\lim_{\Delta x\to 0^+}\frac{f(x_0+\Delta x)-f(x_0)}{\Delta x}=\lim_{\Delta x\to 0^+}\frac{|\Delta x|}{\Delta x}=\lim_{\Delta x\to 0^+}\frac{\Delta x}{\Delta x}=1,$$

而

$$\lim_{\Delta x\to 0^-}\frac{f(x_0+\Delta x)-f(x_0)}{\Delta x}=\lim_{\Delta x\to 0^-}\frac{|\Delta x|}{\Delta x}=\lim_{\Delta x\to 0^+}\frac{-\Delta x}{\Delta x}=-1,$$

因此当 $\Delta x \to 0$ 时，$\lim\limits_{\Delta x \to 0}\dfrac{f(x_0+\Delta x)-f(x_0)}{\Delta x}$ 不存在，所以 $f(x)=|x|$ 在 $x_0=0$ 处不可导.

与单侧极限概念类似，我们引入单侧导数的概念.

定义 2 设函数 $y=f(x)$ 在 x_0 的某右邻域 $U_+(x_0)$ 内有定义，若右极限

$$\lim_{\Delta x \to 0^+}\frac{f(x_0+\Delta x)-f(x_0)}{\Delta x} \tag{3-4}$$

存在，则称此极限值为 $f(x)$ 在 x_0 处的**右导数**，记作 $f'_+(x_0)$.

类似地，我们可以定义**左导数**

$$f'_-(x_0)=\lim_{\Delta x \to 0^-}\frac{f(x_0+\Delta x)-f(x_0)}{\Delta x}. \tag{3-5}$$

左导数和右导数统称为**单侧导数**.

由函数在一点可导的定义及函数极限存在的充分必要条件，可得以下定理：

定理 1 函数 $y=f(x)$ 在 x_0 处可导的充分必要条件是 $f'_+(x_0)$ 与 $f'_-(x_0)$ 均存在且相等.

例 3-3 讨论函数 $f(x)=\begin{cases}x+1, & x\geqslant 0,\\ 1, & x<0\end{cases}$ 在 $x_0=0$ 处的连续性与可导性.

解：由于

$$\lim_{x\to 0^+}f(x)=\lim_{x\to 0^+}(x+1)=1=f(0),$$
$$\lim_{x\to 0^-}f(x)=\lim_{x\to 0^-}1=1=f(0),$$

因此，$f(x)$ 在 $x_0=0$ 处连续.

又

$$f'_+(0)=\lim_{\Delta x\to 0^+}\frac{f(0+\Delta x)-f(0)}{\Delta x}=\lim_{\Delta x\to 0^+}\frac{\Delta x+1-1}{\Delta x}=1,$$
$$f'_-(0)=\lim_{\Delta x\to 0^-}\frac{f(0+\Delta x)-f(0)}{\Delta x}=\lim_{\Delta x\to 0^-}\frac{1-1}{\Delta x}=0,$$

因为 $f'_+(0)\neq f'_-(0)$，所以 $f(x)$ 在 $x_0=0$ 处不可导.

3.1.2 导函数

若函数 $y=f(x)$ 在区间 I 上每一点都可导(若是区间端点，

仅考虑相应的单侧导数)，则称 **$f(x)$在 I 上可导**，此时对每一个 $x\in I$，都有唯一导数值 $f'(x)$(或单侧导数值)与之对应，这样就定义了一个在 I 上的新的函数，称为 $f(x)$在 I 上的**导函数**，也简称**导数**，记为$f'(x)$或$\frac{\mathrm{d}y}{\mathrm{d}x}$，即

$$f'(x)=\lim_{\Delta x\to 0}\frac{f(x+\Delta x)-f(x)}{\Delta x},\ x\in I. \tag{3-6}$$

这里，符号$\frac{\mathrm{d}y}{\mathrm{d}x}$是莱布尼茨首先引用的.

3.1.3　基本初等函数的求导公式

利用求导定义公式及变量替换等技巧，我们不加证明地给出如下六类基本初等函数的求导公式.

1. 常函数：　$(C)'=0$.
2. 幂函数：　$(x^a)'=ax^{a-1}$.
3. 指数函数：　$(a^x)'=a^x\cdot\ln a$.
4. 对数函数：　$(\log_a x)'=\frac{1}{x\cdot\ln a}$.
5. 三角函数：$(\sin x)'=\cos x$，　$(\cos x)'=-\sin x$，

$(\tan x)'=\frac{1}{\cos^2 x}$，　$(\cot x)'=-\frac{1}{\sin^2 x}$.

6. 反三角函数：

$$(\arcsin x)'=\frac{1}{\sqrt{1-x^2}},\quad (\arccos x)'=-\frac{1}{\sqrt{1-x^2}},$$

$$(\arctan x)'=\frac{1}{1+x^2},\quad (\text{arccot}\, x)'=-\frac{1}{1+x^2}.$$

习题 3-1

1. 求曲线 $y=x^4$ 在点(1，1)处的切线方程和法线方程.
2. 求曲线 $y=\mathrm{e}^{2x}$在横坐标为 0 的点处的切线方程和法线方程.
3. 求过点(0，-1)且与曲线 $y=x^2$ 相切的直线方程.

4. 已知 $f'(x_0)=2$，求下列极限：

(1) $\lim\limits_{\Delta x\to 0}\dfrac{f(x_0-\Delta x)-f(x_0)}{\Delta x}$；

(2) $\lim\limits_{\Delta x\to 0}\dfrac{f(x_0-3\Delta x)-f(x_0+2\Delta x)}{\Delta x}$.

5. 利用求导定义式，求下列函数的导数：

(1) $f(x)=\begin{cases}x^2, & x\leqslant 0,\\ x^3, & x>0;\end{cases}$

(2) $f(x)=\begin{cases}\ln(1+x), & x>0,\\ x, & x\leqslant 0;\end{cases}$

(3) $f(x)=\ln|x|$.

3.2 求导法则

本节将引入一些求导法则，利用这些法则，能较为快捷地求出某些具体函数的导数.

3.2.1 求导四则运算

定理 2 若函数 $u(x)$ 和 $v(x)$ 在区间 I 上均可导，则：

(1) 函数 $f(x)=u(x)\pm v(x)$ 在 I 上也可导，且

$$[u(x)\pm v(x)]'=u'(x)\pm v'(x);\tag{3-7}$$

(2) 函数 $g(x)=u(x)\cdot v(x)$ 在 I 上也可导，且

$$[u(x)v(x)]'=u'(x)v(x)+u(x)v'(x);\tag{3-8}$$

(3) 若 $v(x)$ 在 I 上函数值不取零，则函数 $h(x)=\dfrac{u(x)}{v(x)}$ 在 I 上也可导，且

$$\left[\frac{u(x)}{v(x)}\right]'=\frac{u'(x)v(x)-u(x)v'(x)}{v^2(x)}.\tag{3-9}$$

例 3-4 设 $f(x)=x^3-\sin x+9x+2$，求 $f'(x)$.

解：由公式(3-7)，

$$\begin{aligned}f'(x)&=(x^3)'-(\sin x)'+9(x)'+(2)'\\&=3x^2-\cos x+9.\end{aligned}$$

例 3-5　设 $g(x)=x^2\cdot\sin x$，求 $g'(x)$.

解：由公式(3-8)，

$$\begin{aligned}g'(x)&=(x^2\sin x)'\\&=(x^2)'\cdot\sin x+x^2\cdot(\sin x)'\\&=2x\sin x+x^2\cos x.\end{aligned}$$

例 3-6　设 $h(x)=\dfrac{\arctan x}{2^x}$，求 $h'(x)$.

解：由公式(3-9)，

$$\begin{aligned}h'(x)&=\frac{(\arctan x)'\cdot 2^x-\arctan x\cdot(2^x)'}{(2^x)^2}\\&=\frac{\dfrac{2^x}{1+x^2}-\arctan x\cdot 2^x\cdot\ln 2}{4^x}.\end{aligned}$$

例 3-7　设 $f(x)=\begin{cases}x^2+x, & x\geqslant 0,\\ x, & x<0,\end{cases}$ 求 $f'(x)$.

解：当 $x>0$ 时，

$$f'(x)=(x^2+x)'=(x^2)'+(x)'=2x+1;$$

当 $x<0$ 时，

$$f'(x)=(x)'=1.$$

而在 $x=0$ 处，

$$\begin{aligned}f'_+(0)&=\lim_{\Delta x\to 0^+}\frac{f(0+\Delta x)-f(0)}{\Delta x}\\&=\lim_{\Delta x\to 0^+}\frac{(\Delta x)^2+\Delta x-0}{\Delta x}\\&=\lim_{\Delta x\to 0^+}(\Delta x+1)=1,\end{aligned}$$

$$f'_-(0)=\lim_{\Delta x\to 0^-}\frac{f(0+\Delta x)-f(0)}{\Delta x}=\lim_{\Delta x\to 0^-}\frac{\Delta x-0}{\Delta x}=1,$$

因此 $f'_+(0)=f'_-(0)$，故有 $f'(0)=1$.

综上知

$$f'(x)=\begin{cases}2x+1, & x\geqslant 0,\\ 1, & x<0.\end{cases}$$

3.2.2　复合函数求导运算

目前为止，我们已经给出基本初等函数的求导公式及导数的四则运算，下面我们将不加证明地直接给出复合函数的求导法则：

定理 3 若函数 $u=g(x)$在点 x 处可导，函数 $y=f(u)$在对应点 $u=g(x)$处也可导，则复合函数 $y=f[g(x)]$在点 x 处可导，且

$$(f[g(x)])' = f'[g(x)]\cdot g'(x), \tag{3-10}$$

或简写为

$$y'=y'_u \cdot u'_x.$$

注：$(f[g(x)])'$表示对自变量为 x 的复合函数 $f[g(x)]$关于自变量 x 求导数，而$f'[g(x)]$表示 $f(u)$关于变量 u 求导数后，再把$u=g(x)$代入.

例 3-8 设 $y=\mathrm{e}^{-x^2}$，求 y'.

解：将 $y=\mathrm{e}^{-x^2}$看成由 $y=\mathrm{e}^u$，$u=-x^2$ 复合而成，因此由公式(3-10)，

$$\begin{aligned}y'&=y'_u \cdot u'_x=(\mathrm{e}^u)'_u \cdot (-x^2)'_x\\&=\mathrm{e}^u \cdot (-2x)\\&=-2x \cdot \mathrm{e}^{-x^2}.\end{aligned}$$

例 3-9 设 $y=\sin\sqrt{1+x^2}$，求 y'.

解：将 $y=\sin\sqrt{1+x^2}$看成由 $y=\sin u$，$u=\sqrt{v}=v^{\frac{1}{2}}$，$v=1+x^2$ 复合而成，因此由公式(3-10)，

$$\begin{aligned}y'&=y'_u \cdot u'_v \cdot v'_x\\&=(\sin u)'_u \cdot (v^{\frac{1}{2}})'_v \cdot (1+x^2)'_x\\&=\cos u \cdot \frac{1}{2}v^{-\frac{1}{2}} \cdot (2x)\\&=\frac{x}{\sqrt{1+x^2}} \cdot \cos\sqrt{1+x^2}.\end{aligned}$$

例 3-10 设 $y=(1+x^2)^x$，求 y'.

解：由对数恒等式，$y=(1+x^2)^x=\mathrm{e}^{\ln(1+x^2)^x}=\mathrm{e}^{x\ln(1+x^2)}$，将 $y=(1+x^2)^x$看成 $y=\mathrm{e}^u$，$u=x\ln(1+x^2)$复合而成，因此由公式(3-10)，

$$
\begin{aligned}
y' &= y'_u \cdot u'_x = (\mathrm{e}^u)'_u \cdot [x\ln(1+x^2)]'_x \\
&= \mathrm{e}^u \cdot [(x)'_x \cdot \ln(1+x^2) + x \cdot (\ln(1+x^2))'_x] \\
&= \mathrm{e}^{x\ln(1+x^2)} \cdot \left[\ln(1+x^2) + x \cdot \frac{(1+x^2)'_x}{1+x^2}\right] \\
&= (1+x^2)^x \cdot \left[\ln(1+x^2) + \frac{2x^2}{1+x^2}\right].
\end{aligned}
$$

习题 3-2

1. 求下列函数导数：

(1) $y=-x^3-2x^2+5$；　(2) $y=\dfrac{x^4}{4}+\dfrac{4}{x^4}$；

(3) $y=\sqrt{x}-\dfrac{1}{\sqrt{x}}+\sqrt{2}$；　(4) $y=\dfrac{x^3-x}{\sqrt{x}}$；

(5) $y=x\sin x$；　(6) $y=\mathrm{e}^x\cos x$；

(7) $y=\dfrac{x}{\tan x}$；　(8) $y=\dfrac{1-\ln x}{1+\ln x}$；

(9) $y=(1-\sqrt{x})\arctan x$；　(10) $y=\dfrac{\cos x}{\arcsin x}$.

2. 求下列函数导数：

(1) $y=\sin 2x$；　(2) $y=\sqrt{1-x^2}$；

(3) $y=(2x-1)^{20}$；　(4) $y=\cos^2 x$；

(5) $y=\sin^n x \cdot \cos nx$；　(6) $y=\ln(\ln x)$；

(7) $y=\tan^2\dfrac{x}{2}$；　(8) $y=x^2\sin\dfrac{1}{x}$；

(9) $y=2^{\cot x}$；　(10) $y=\arctan\dfrac{1}{x}$；

(11) $y=\dfrac{\mathrm{e}^x-\mathrm{e}^{-x}}{\mathrm{e}^x+\mathrm{e}^{-x}}$；　(12) $y=\sqrt{\dfrac{\cos x}{\sin^2 x}}$；

(13) $y=\ln(x+\sqrt{1+x^2})$；　(14) $y=\arcsin\sqrt{x}$.

3.3 高阶导数

在实际应用中，有时候仅考虑函数 $y=f(x)$的可导性质是不够的，我们还需要进一步研究其导数 $f'(x)$的相关性质，这里就需要用到函数高阶导数的概念.

若函数 $y=f(x)$的导数 $f'(x)$在点 x 处可导，则称 $f'(x)$在点 x 处的导数为函数 $f(x)$在点 x 处的**二阶导数**，记为

$$y'',\ f''(x)\ \text{或}\ \frac{\mathrm{d}^2y}{\mathrm{d}x^2}.$$

类似可定义三阶导数. 因此，一般地，我们有：

定义 3 函数 $y=f(x)$的 $n-1$ 阶导数的导数，称为 $f(x)$的 ***n* 阶导数**，记作

$$y^{(n)},\ f^{(n)}(x)\ \text{或}\ \frac{\mathrm{d}^ny}{\mathrm{d}x^n},$$

其中，n 为正整数，规定 $f^{(0)}(x)=f(x)$.

二阶和二阶以上的导数统称为**高阶导数**.

例 3-11 求 $y=x^3$ 的各阶导数.

解： $y'=(x^3)'=3x^2$，$y''=(y')'=(3x^2)'=6x$，

$y'''=(y'')'=(6x)'=6$，$y^{(4)}=y^{(5)}=\cdots=0$.

例 3-12 求 $y=\mathrm{e}^{2x}$的各阶导数.

解：

$$y'=(\mathrm{e}^{2x})'=2\mathrm{e}^{2x},$$
$$y''=(y')'=(2\mathrm{e}^{2x})'=2^2\mathrm{e}^{2x},$$
$$y'''=(y'')'=(2^2\mathrm{e}^{2x})'=2^3\mathrm{e}^{2x},$$
$$\vdots$$
$$y^{(n)}=2^n\mathrm{e}^{2x}.$$

一般地，有

$$(\mathrm{e}^{ax})^{(n)}=a^n\mathrm{e}^{ax},$$

其中 a 为常数.

例 3-13 求 $y=\sin x$ 的各阶导数.

解： $$y'=(\sin x)'=\cos x=\sin\left(x+\frac{\pi}{2}\right),$$

$$y''=(y')'=(\cos x)'=-\sin x=\sin\left(x+2\cdot\frac{\pi}{2}\right),$$

$$y'''=(y'')'=(-\sin x)'=-\cos x=\sin\left(x+3\cdot\frac{\pi}{2}\right),$$

$$y^{(4)}=(y''')'=(-\cos x)'=\sin x=\sin\left(x+4\cdot\frac{\pi}{2}\right),$$

$$\vdots$$

一般地，有

$$(\sin x)^{(n)}=\sin\left(x+n\cdot\frac{\pi}{2}\right).$$

同理可得

$$(\cos x)^{(n)}=\cos\left(x+n\cdot\frac{\pi}{2}\right).$$

习题 3-3

1. 求下列函数的二阶导数：

(1) $y=\sin 2x$；　　(2) $y=\dfrac{\ln x}{x}$；

(3) $y=\sqrt{1+x^2}$；　　(4) $y=e^x\cos x$；

(5) $y=(1+x^2)\arctan x$；

(6) $y=x[\sin(\ln x)+\cos(\ln x)]$.

2. 设 $f(u)$ 二阶可导，求 y''：

(1) $y=f(\sin x)$；　　(2) $y=f(\sqrt{x})$；

(3) $y=\ln f^2(x)$；　　(4) $y=e^{f(x)}$.

3. 求下列函数的 n 阶导数：

(1) $y=a^x(a>0，a\neq 1)$；　　(2) $y=x\ln x$；

(3) $y=\dfrac{1}{1-x}$；　　(4) $y=\dfrac{x^3}{1-x}$.

3.4 微　　分

本节考察函数在其自变量有微小变动时，对应函数值的变化情况，给出函数可微的概念及若干微分运算法则.

3.4.1 微分概念

先看一个实例：众所周知，边长为 x 的正方形的面积 $S(x)=x^2$，那么，如图 3-1 所示，当边长由 x_0 变动到 $x_0+\Delta x$ 时，问其面积改变了多少？

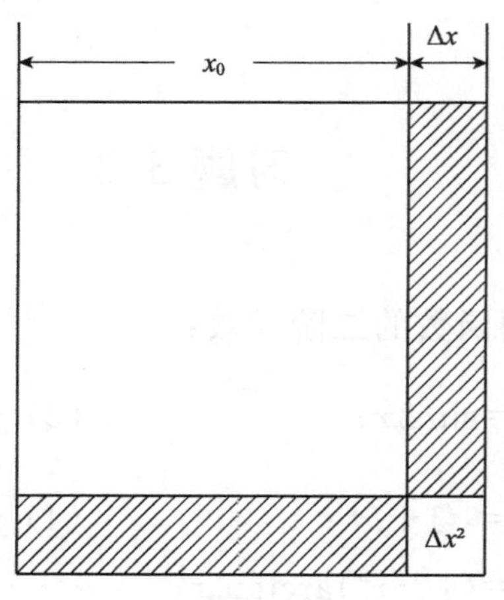

图 3-1

显然，当边长由 x_0 变动到 $x_0+\Delta x$ 时，正方形面积的增量

$$\Delta S=(x_0+\Delta x)^2-x_0^2=2x_0\Delta x+(\Delta x)^2.$$

从上式可看出，ΔS 由两部分组成：第一部分 $2x_0\Delta x$，即图 3-1 中阴影部分；第二部分 $(\Delta x)^2$，即图中小正方形面积. 由于，当 $|\Delta x|$ 很小时

$$\lim_{\Delta x\to 0}\frac{\Delta S-2x_0\Delta x}{\Delta x}=\lim_{\Delta x\to 0}\frac{(\Delta x)^2}{\Delta x}=0,$$

即当正方形边长改变很小时，面积的增量 ΔS 可以近似地用第一部分来代替.

定义 4 设函数 $y=f(x)$ 在 x_0 的某邻域 $U(x_0)$ 内有定义，

$x_0+\Delta x\in U(x_0)$，如果函数在点 x_0 处的增量

$$\Delta y=f(x_0+\Delta x)-f(x_0)$$

可表示为

$$\Delta y=A\Delta x+\varepsilon\Delta x,$$

其中，A 为与 Δx 无关的常数且当 $\Delta x\to 0$ 时，$\varepsilon\to 0$，则称函数 $y=f(x)$ 在 x_0 处**可微**，而 $A\Delta x$ 称为函数 $y=f(x)$ 在 x_0 处的**微分**，记作

$$\mathrm{d}y\Big|_{x=x_0}=A\Delta x. \tag{3-11}$$

容易看出，函数 $y=f(x)$ 在 x_0 处可微和可导是等价的.

定理 4　函数 $y=f(x)$ 在 x_0 处可微的充要条件是 $y=f(x)$ 在 x_0 处可导，且 $A=f'(x_0)$.

若函数 $y=f(x)$ 在区间 I 上每一点都可微，则称 $y=f(x)$ 为 I 上的**可微函数**，函数 $y=f(x)$ 在 I 上任意一点 x 处的**微分**记作

$$\mathrm{d}y=f'(x)\Delta x,\ x\in I.$$

特别地，当取函数 $y=f(x)=x$ 时

$$\mathrm{d}y=\mathrm{d}x=\Delta x,$$

即自变量的微分 $\mathrm{d}x$ 等于自变量的增量 Δx. 因此，我们通常将函数 $y=f(x)$ 在 I 上任意一点 x 处的微分记作

$$\mathrm{d}y=f'(x)\mathrm{d}x,\ x\in I, \tag{3-12}$$

即函数的微分等于函数的导数与自变量的微分的乘积. 从上式可得到，当 $y=f(x)$ 在点 x 处可微时

$$f'(x)=\frac{\mathrm{d}y}{\mathrm{d}x},$$

即函数的导数等于函数的微分与自变量的微分的商，因此导数也称为**微商**.

3.4.2　微分运算法则

由函数可微与可导的关系，可推出微分运算法则如下：

1. $\mathrm{d}[u(x)+v(x)]=\mathrm{d}[u(x)]+\mathrm{d}[v(x)]$；
2. $\mathrm{d}[u(x)\cdot v(x)]=v(x)\cdot\mathrm{d}[u(x)]+u(x)\cdot\mathrm{d}[v(x)]$；

3. $\mathrm{d}\left[\dfrac{u(x)}{v(x)}\right]=\dfrac{v(x)\cdot\mathrm{d}[u(x)]-u(x)\cdot\mathrm{d}[v(x)]}{v^2(x)}$;

4. $\mathrm{d}(f[g(x)])=f'[g(x)]\cdot g'(x)\mathrm{d}x$.

在上述关于复合函数的微分运算法则 4 中，若令 $u=g(x)$，则 $\mathrm{d}u=g'(x)\mathrm{d}x$，法则 4 可改写为

$$\mathrm{d}(f[g(x)])=f'[g(x)]\cdot g'(x)\mathrm{d}x=f'(u)\mathrm{d}u, \tag{3-13}$$

即对复合函数来说，求微分时，把其视为自变量 x 的函数求微分，或把其视为中间变量 u 的函数来求微分，结果都是一样的. 这个性质通常称为**一阶微分形式的不变性**，它是积分换元法的理论依据.

例 3-14 求函数 $y=x^2+\sin x$ 的微分.

解：由微分运算法则 1，

$$\begin{aligned}\mathrm{d}y&=\mathrm{d}(x^2+\sin x)\\&=(x^2)'\mathrm{d}x+(\sin x)'\mathrm{d}x=2x\mathrm{d}x+\cos x\mathrm{d}x\\&=(2x+\cos x)\mathrm{d}x.\end{aligned}$$

例 3-15 求函数 $y=\mathrm{e}^x\cdot\arctan x$ 的微分.

解：由微分运算法则 2，

$$\begin{aligned}\mathrm{d}y&=\mathrm{d}(\mathrm{e}^x\arctan x)\\&=\arctan x\cdot\mathrm{d}(\mathrm{e}^x)+\mathrm{e}^x\cdot\mathrm{d}(\arctan x)\\&=\arctan x\cdot\mathrm{e}^x\mathrm{d}x+\mathrm{e}^x\cdot\frac{1}{1+x^2}\mathrm{d}x\\&=\left(\arctan x\cdot\mathrm{e}^x+\frac{\mathrm{e}^x}{1+x^2}\right)\mathrm{d}x.\end{aligned}$$

例 3-16 求函数 $y=\dfrac{\ln x}{x}$ 的微分.

解：由微分运算法则 3，

$$\begin{aligned}\mathrm{d}y&=\mathrm{d}\left[\frac{\ln x}{x}\right]=\frac{x\cdot\mathrm{d}(\ln x)-\ln x\cdot\mathrm{d}(x)}{x^2}\\&=\frac{x\cdot\frac{1}{x}\mathrm{d}x-\ln x\mathrm{d}x}{x^2}=\frac{\mathrm{d}x-\ln x\mathrm{d}x}{x^2}\\&=\frac{1-\ln x}{x^2}\mathrm{d}x.\end{aligned}$$

例 3-17 求函数 $y=\sqrt{\sin x}$ 的微分.

解：由微分运算法则 4，令 $u=\sin x$，则

$$du=d(\sin x)=\cos x dx,$$

$$\begin{aligned} dy &= d(\sqrt{\sin x}) \\ &= (\sqrt{u})' du = \frac{1}{2}u^{-\frac{1}{2}} \cdot du \\ &= \frac{1}{2}(\sin x)^{-\frac{1}{2}} \cos x dx. \end{aligned}$$

习题 3-4

1. 求下列函数的微分：

(1) $y=x-\frac{x^3}{3}$；　　(2) $y=x\ln x-x^2$；

(3) $y=\frac{x}{1+x^2}$；　　(4) $y=e^{2x}\cos 3x$；

(5) $y=\arctan\sqrt{x}$；　　(6) $y=e^{\arcsin x}$.

2. 将适当的函数填入下列括号内，使等式成立：

(1) d(　　　) $=4dx$；　　(2) d(　　　) $=x dx$；

(3) d(　　　) $=e^{3x}dx$；　　(4) d(　　　) $=\frac{1}{1+x}dx$；

(5) d(　　　) $=\frac{1}{\sqrt{x}}dx$；　　(6) d(　　　) $=\frac{1}{1+4x^2}dx$.

第 4 章　微分中值定理及应用

在本章中，我们将把上一章中所学到的导数当作工具，进一步研究可导函数所具有的性质，并利用这些性质来解决一些实际问题. 为此，我们先介绍三个微分中值定理（包括罗尔定理、拉格朗日定理、柯西定理），它们是导数应用的理论基础，然后给出求极限的洛必达法则，最后介绍导数的应用.

4.1　微分中值定理

由特殊到一般，我们先介绍罗尔定理，再依次介绍拉格朗日定理和柯西定理.

4.1.1　罗尔定理

定理 1(罗尔(Rolle)定理)　如果函数 $f(x)$满足：

(1) 在闭区间$[a, b]$上连续；

(2) 在开区间(a, b)上可导；

(3) $f(a)=f(b)$，

那么在(a, b)上至少存在一点 η，使得

$$f'(\eta)=0.$$

从几何上看，罗尔定理告诉我们：对定义在$[a, b]$上的连续曲线段 $y=f(x)$，若它在两端点处的函数值相等，并且在区间内每点处均可导(有切线)，则在区间上必存在平行 x 轴的切线.

(＊)证：由已知，函数 $f(x)$在闭区间$[a, b]$上连续，所以它在$[a, b]$上能取到最大值 M 和最小值 m. 不妨设 $m<M$（若 $m=M$，则 $f(x)$在$[a, b]$上恒为常数，显然在(a, b)上存在平行

x 轴的切线).

由已知，$f(a)=f(b)$，所以 $f(a)<M$ 或 $f(a)>m$ 中至少有一个成立. 不妨设 $f(a)<M$，于是在(a, b)上至少有一点 η，使得 $f(\eta)=M$. 下证：$f'(\eta)=0$ 成立.

由已知，$f(x)$在开区间(a, b)上可导，因此在 $\eta\in(a, b)$处

$$f'(\eta)=\lim_{\Delta x\to 0}\frac{f(\eta+\Delta x)-f(\eta)}{\Delta x}$$

存在，即 $f'(\eta)=f'_+(\eta)=f'_-(\eta)$. 又 $f(\eta)=M$ 为最大值，因此 $f(\eta+\Delta x)-f(\eta)\leqslant 0$，进一步，有

$$f'_+(\eta)=\lim_{\Delta x\to 0^+}\frac{f(\eta+\Delta x)-f(\eta)}{\Delta x}\leqslant 0,$$

$$f'_-(\eta)=\lim_{\Delta x\to 0^-}\frac{f(\eta+\Delta x)-f(\eta)}{\Delta x}\geqslant 0,$$

从而，必有 $f'_+(\eta)=f'_-(\eta)=0$，此即 $f'(\eta)=0$ 成立.

注： 罗尔定理的 3 个条件缺一不可，共同组成定理结论成立的充分条件，但并不是必要条件.

例 4-1 对函数 $f(x)=x^3-3x^2+2$ 在$[0, 3]$上验证罗尔定理.

解： 显然 $f(x)=x^3-3x^2+2$ 在$[0, 3]$上连续，在$(0, 3)$上可导，又 $f(0)=f(3)=2$，罗尔定理的 3 个条件均满足，而 $f'(2)=0$ 正是罗尔定理的结论 (其中 $\eta=2\in(0, 3)$).

4.1.2 拉格朗日定理

定理 2(拉格朗日(Lagrange)定理) 如果函数 $f(x)$满足：

(1) 在闭区间$[a, b]$上连续；

(2) 在开区间(a, b)上可导，

那么在(a, b)上至少存在一点 η，使得

$$f'(\eta)=\frac{f(b)-f(a)}{b-a}.$$

从几何上看，拉格朗日定理告诉我们：对定义在$[a, b]$上的连续曲线段 $y=f(x)$，连接曲线段两端点$(a, f(a))$和$(b, f(b))$得到一条割线，若曲线 $y=f(x)$在区间内每点处均可导(有切线)，则必存在平行此割线的切线.

我们将通过构造满足罗尔定理条件的辅助函数来证明拉格朗日定理.

证：引入辅助函数

$$\varphi(x)=f(x)(b-a)-[f(b)-f(a)]x.$$

显然，$\varphi(x)$在$[a, b]$上连续，在(a, b)上可导. 又

$$\varphi(a)=f(a)(b-a)-[f(b)-f(a)]a=bf(a)-af(b),$$

$$\varphi(b)=f(b)(b-a)-[f(b)-f(a)]b=bf(a)-af(b),$$

即 $\varphi(a)=\varphi(b)$. 因此，$\varphi(x)$在$[a, b]$上满足罗尔定理的 3 个条件，由罗尔定理，在(a, b)上至少存在一点 η，使得

$$\varphi'(\eta)=f'(\eta)(b-a)-[f(b)-f(a)]=0,$$

移项，整理后得

$$f'(\eta)=\frac{f(b)-f(a)}{b-a}.$$

注：当 $f(a)=f(b)$时，由拉格朗日定理即可推出罗尔定理.

推论 1 如果函数 $f(x)$在开区间(a, b)上的导数恒为零，那么$f(x)$在(a, b)上恒为常数.

证：任取 $x_1, x_2\in(a, b)$，且不妨设 $x_1<x_2$. 在$[x_1, x_2]$上应用拉格朗日定理，有

$$f(x_2)-f(x_1)=f'(\eta)(x_2-x_1), \eta\in(x_1, x_2).$$

由已知 $f'(x)=0$，从而

$$f(x_2)-f(x_1)=0, \ f(x_2)=f(x_1),$$

由 x_1, x_2 的任意性，可得出 $f(x)$在(a, b)上恒为常数.

推论 2 如果函数 $f(x)$和 $g(x)$在开区间(a, b)上可导，且 $f'(x)=g'(x)$，那么在(a,b)上$f(x)$和 $g(x)$只相差一个常数.

证：令 $h(x)=f(x)-g(x)$，则推论 2 可由推论 1 直接得到.

例 4-2 证明恒等式：$\arctan x+\operatorname{arccot} x=\frac{\pi}{2}$，$x\in(-\infty, +\infty)$.

证：令 $f(x)=\arctan x+\operatorname{arccot} x-\frac{\pi}{2}$，因为

$$f'(x)=\left(\arctan x+\operatorname{arccot} x-\frac{\pi}{2}\right)'$$

$$=(\arctan x)'+(\operatorname{arccot} x)'-\left(\frac{\pi}{2}\right)'$$

$$=\frac{1}{1+x^2}+\left(-\frac{1}{1+x^2}\right)-0=0,$$

由推论 1，$f(x)$恒为常数. 又

$$f(1)=\arctan 1+\operatorname{arccot} 1-\frac{\pi}{2}=\frac{\pi}{4}+\frac{\pi}{4}-\frac{\pi}{2}=0,$$

因此 $\arctan x+\operatorname{arccot} x=\frac{\pi}{2}$，$x\in(-\infty, +\infty)$.

推论 3　设函数 $f(x)$在区间(a, b)上可导，若 $f'(x)\geqslant 0$ $(f'(x)\leqslant 0)$，则 $f(x)$在(a, b)上单调递增(递减)；若 $f'(x)>0$ $(f'(x)<0)$，则 $f(x)$在(a, b)上严格单调递增(递减).

证：我们只证 $f'(x)\geqslant 0$ 的情形，其余情况可类似证明. 任取 x_1，$x_2\in(a, b)$，且不妨设$x_1<x_2$. 显然函数 $f(x)$在区间$[x_1, x_2]$上满足拉格朗日定理条件，根据定理 2，存在 $\eta\in(x_1, x_2)$，使得

$$f(x_2)-f(x_1)=f'(\eta)(x_2-x_1)\geqslant 0,$$

此即 $f(x)$在(a, b)上单调递增.

例 4-3　求函数 $f(x)=x^3-3x$ 的单调区间.

解：显然，$f'(x)=(x^3-3x)'=3(x+1)(x-1)$，令 $f'(x)=0$，可得 $x_1=-1$，$x_2=1$. 又，在区间$(-\infty, -1)$上，$f'(x)>0$；在区间$(-1, 1)$上，$f'(x)<0$；在区间$(1, +\infty)$上，$f'(x)>0$，因此，由推论 3，函数 $f(x)=x^3-3x$ 的单调增区间为$(-\infty, -1)\cup(1, +\infty)$，单调减区间为$(-1, 1)$.

例 4-4　证明：当 $x>0$ 时，$\ln(1+x)<x$.

证：令 $f(x)=\ln(1+x)-x$，显然 $f(0)=0$. 又当 $x>0$ 时，有

$$f'(x)=\frac{1}{1+x}-1<0,$$

根据推论 3，$f(x)$在 $x>0$ 时严格单调递减，故 $f(x)<f(0)=0$，此即 $\ln(1+x)<x$.

4.1.3 柯西定理

定理 3(柯西(Cauchy)定理) 如果函数 $f(x)$和 $g(x)$满足以下条件：

(1) 在闭区间$[a, b]$上都连续；

(2) 在开区间(a, b)上都可导；

(3) $f'(x)$和 $g'(x)$不同时为零；

(4) $g(a)\neq g(b)$，

那么在(a, b)上至少存在一点 η，使得

$$\frac{f'(\eta)}{g'(\eta)}=\frac{f(b)-f(a)}{g(b)-g(a)}.$$

证：作辅助函数

$$F(x)=f(x)-f(a)-\frac{f(b)-f(a)}{g(b)-g(a)}(g(x)-g(a)).$$

显然函数 $F(x)$在$[a, b]$上连续，在(a, b)上可导，且 $F(a)=F(b)=0$. 因此，$F(x)$在$[a, b]$上满足罗尔定理的 3 个条件，由罗尔定理，在(a, b)上至少存在一点 η，使得

$$F'(\eta)=f'(\eta)-\frac{f(b)-f(a)}{g(b)-g(a)}g'(\eta)=0.$$

由条件(3)知 $g'(\eta)\neq 0$，整理即得

$$\frac{f'(\eta)}{g'(\eta)}=\frac{f(b)-f(a)}{g(b)-g(a)}.$$

注：当取 $g(x)=x$ 时，由柯西定理可推导出拉格朗日定理结论.

例 4-5 证明：存在 $\eta\in(a, b)$，使得

$$2\eta\cdot(e^b-e^a)=(b^2-a^2)\cdot e^\eta.$$

证：设 $f(x)=e^x$，$g(x)=x^2$，显然在$[a, b]$上，$f(x)$和 $g(x)$满足柯西定理的条件，故存在 $\eta\in(a, b)$，使得

$$\frac{f(b)-f(a)}{g(b)-g(a)}=\frac{e^b-e^a}{b^2-a^2}=\frac{f'(\eta)}{g'(\eta)}=\frac{e^\eta}{2\eta},$$

整理后可得

$$2\eta\cdot(e^b-e^a)=(b^2-a^2)\cdot e^\eta.$$

习题 4-1

1. 验证下列各题，并确定对应中值定理中 η 的值：

(1) 对函数 $f(x)=\cos x$ 在区间$[0, 2\pi]$上验证罗尔定理；

(2) 对函数 $f(x)=x^3-9x$ 在区间$[0, 3]$上验证罗尔定理；

(3) 对函数 $f(x)=x^3-5x^2+x-2$ 在区间$[-1, 0]$上验证拉格朗日定理；

(4) 对函数 $f(x)=x$ 和 $g(x)=\ln x$ 在区间$[1, \mathrm{e}]$上验证柯西定理.

2. 证明：当 $x>0$ 时，$1+\frac{x}{2}>\sqrt{1+x}$.

3. 证明：当 $x>1$ 时，不等式 $2\sqrt{x}>3-\frac{1}{x}$.

4. 证明：当 $x>0$ 时，不等式$\frac{x}{1+x^2}<\arctan x<x$ 恒成立.

5. 确定下列函数的单调增区间和单调减区间：

(1) $f(x)=x^3-12x$；　(2) $f(x)=2x^2-\ln x$；

(3) $f(x)=x+\frac{1}{x}(x\neq 0)$；(4) $f(x)=(x-1)^2(x-2)$.

6. 证明：方程 $x^3+3x-1=0$ 存在唯一实根.

7. 设函数 $f(x)$在$[a, b]$上连续，在(a, b)内可导. 证明：存在 $\eta\in(a, b)$，使得

$$3\eta^2[f(b)-f(a)]=(b^3-a^3)f'(\eta).$$

4.2　洛必达法则

在 2.2 节关于函数极限四则运算的除法运算中，我们知道，在自变量 x 的某一极限过程中，如果函数 $f(x)$，$g(x)$分别以 c_1，c_2 为极限且 $c_2\neq 0$，则在自变量 x 的此极限过程中，函数

$\dfrac{f(x)}{g(x)}$以$\dfrac{c_1}{c_2}$为极限. 而当 $c_1=c_2=0$ 或 $c_1=c_2=\infty$时，函数$\dfrac{f(x)}{g(x)}$在自变量 x 的极限过程中有可能存在极限，也有可能不存在极限. 例如，极限$\lim\limits_{x\to 0}\dfrac{\sin x}{x}=1$ 存在，而极限$\lim\limits_{x\to 0}\dfrac{\sin x}{x^2}=\infty$不存在；极限$\lim\limits_{x\to\infty}\dfrac{x+1}{x}=1$，而极限$\lim\limits_{x\to\infty}\dfrac{x^2+1}{x}=\infty$不存在. 因此，我们称这类极限为“不定式”，记为$\dfrac{0}{0}$或$\dfrac{\infty}{\infty}$. 本节将以 $x\to x_0$ 为例，不加证明地给出不定式求极限的法则，它们可由柯西定理证明.

4.2.1 $\dfrac{0}{0}$型不定式求极限

定理 4$\left(\dfrac{0}{0}\right.$**型不定式求极限的洛必达法则**$\left.\right)$ 如果函数 $f(x)$ 和 $g(x)$满足：

(1) $\lim\limits_{x\to x_0}f(x)=\lim\limits_{x\to x_0}g(x)=0$；

(2) 在 x_0 的某个空心邻域上均可导，且 $g'(x)\neq 0$；

(3) $\lim\limits_{x\to x_0}\dfrac{f'(x)}{g'(x)}=A$（$A$ 可为有限实数，也可以是$-\infty$，$+\infty$ 或∞），

那么

$$\lim_{x\to x_0}\frac{f(x)}{g(x)}=\lim_{x\to x_0}\frac{f'(x)}{g'(x)}=A.$$

例 4-6 求$\lim\limits_{x\to 0}\dfrac{\sin x}{x}$.

解：在 2.3 节中，我们用两边夹准则求得此极限值为 1. 这里，我们用洛必达法则求此极限. 显然 $f(x)=\sin x$，$g(x)=x$ 在点 $x_0=0$ 的邻域上满足定理 4 的条件(1)和(2)，又

$$\lim_{x\to 0}\frac{f'(x)}{g'(x)}=\lim_{x\to 0}\frac{\cos x}{1}=1,$$

故由$\dfrac{0}{0}$型不定式求极限的洛必达法则求得

$$\lim_{x\to 0}\frac{\sin x}{x}=\lim_{x\to 0}\frac{\cos x}{1}=1.$$

例 4-7　求$\lim\limits_{x\to 0}\dfrac{e^{ax}-1}{x}$，其中 a 为已知实数.

解： 容易验证此为$\dfrac{0}{0}$型不定式且满足定理4的条件，故由洛必达法则求得

$$\lim_{x\to 0}\frac{e^{ax}-1}{x}=\lim_{x\to 0}\frac{(e^{ax}-1)'}{(x)'}=\lim_{x\to 0}\frac{ae^{ax}}{1}=a.$$

如果$\lim\limits_{x\to 0}\dfrac{f'(x)}{g'(x)}$仍为$\dfrac{0}{0}$型不定式，通过重新验证 $f'(x)$和 $g'(x)$是否满足定理4中 $f(x)$和 $g(x)$所满足的条件，我们可再次用洛必达法则.

例 4-8　求$\lim\limits_{x\to 0}\dfrac{x-\sin x}{x^3}$.

解： 容易验证此为$\dfrac{0}{0}$型不定式，且满足定理4的条件，故由洛必达法则求得

$$\begin{aligned}\lim_{x\to 0}\frac{x-\sin x}{x^3}&=\lim_{x\to 0}\frac{(x-\sin x)'}{(x^3)'}=\lim_{x\to 0}\frac{1-\cos x}{3x^2}\\&=\lim_{x\to 0}\frac{(1-\cos x)'}{(3x^2)'}=\lim_{x\to 0}\frac{\sin x}{6x}\\&=\frac{1}{6}\lim_{x\to 0}\frac{\sin x}{x}=\frac{1}{6}.\end{aligned}$$

4.2.2 $\dfrac{\infty}{\infty}$型不定式求极限

定理 5（**$\dfrac{\infty}{\infty}$型不定式求极限的洛必达法则**）　如果函数 $f(x)$和 $g(x)$满足：

(1) $\lim\limits_{x\to x_0}f(x)=\lim\limits_{x\to x_0}g(x)=\infty$；

(2) 在 x_0 的某个空心邻域上均可导，且 $g'(x)\neq 0$；

(3) $\lim\limits_{x\to x_0}\dfrac{f'(x)}{g'(x)}=A$（$A$ 可为有限实数，也可以是$-\infty$，$+\infty$或∞），那么

$$\lim_{x\to x_0}\frac{f(x)}{g(x)}=\lim_{x\to x_0}\frac{f'(x)}{g'(x)}=A.$$

注：

(1) 若将定理 4 和定理 5 中 $x\to x_0$ 换成 $x\to x_0^+$，$x\to x_0^-$，$x\to\infty$，$x\to+\infty$或 $x\to-\infty$，则只需将定理中条件(2)中的邻域进行修正，也有同样的结论成立.

(2) 若$\lim\limits_{x\to x_0}\dfrac{f'(x)}{g'(x)}$不存在，并不能说明$\lim\limits_{x\to x_0}\dfrac{f(x)}{g(x)}$不存在.

(3) 洛必达法则求不定式极限不是万能的. 在运用洛必达法则求比式极限时，必须验证定理成立的条件.

例 4-9 求 $\lim\limits_{x\to+\infty}\dfrac{\ln x}{x}$.

解： 容易验证此为$\dfrac{\infty}{\infty}$型不定式，可由洛必达法则求得

$$\lim_{x\to+\infty}\frac{\ln x}{x}=\lim_{x\to+\infty}\frac{(\ln x)'}{(x)'}=\lim_{x\to+\infty}\frac{\frac{1}{x}}{1}=0.$$

例 4-10 求$\lim\limits_{x\to 0}\dfrac{x^2\cos\frac{1}{x}}{\sin x}$.

解： 此为$\dfrac{0}{0}$型不定式，由洛必达法则得

$$\lim_{x\to 0}\frac{\left(x^2\cos\frac{1}{x}\right)'}{(\sin x)'}=\lim_{x\to 0}\frac{2x\cos\frac{1}{x}-\sin\frac{1}{x}}{\cos x}$$

上式当 $x\to 0$ 时，分母极限为 1，分子第一式极限为零，但分子第二式振荡无极限，因此洛必达法则失效，不能用洛必达法则求此式极限. 但原极限是存在的

$$\begin{aligned}\lim_{x\to 0}\frac{x^2\cos\frac{1}{x}}{\sin x}&=\lim_{x\to 0}\left(\frac{x}{\sin x}\cdot x\cos\frac{1}{x}\right)\\&=\lim_{x\to 0}\frac{x}{\sin x}\cdot\lim_{x\to 0}x\cos\frac{1}{x}\\&=1\cdot 0=0.\end{aligned}$$

例 4-11 求 $\lim\limits_{x\to+\infty}\dfrac{e^x-e^{-x}}{e^x+e^{-x}}$.

解： 此为$\dfrac{\infty}{\infty}$型不定式，若是不顾条件就使用洛必达法则

$$\lim_{x\to+\infty}\frac{e^x-e^{-x}}{e^x+e^{-x}}=\lim_{x\to+\infty}\frac{(e^x-e^{-x})'}{(e^x+e^{-x})'}=\lim_{x\to+\infty}\frac{e^x+e^{-x}}{e^x-e^{-x}}$$

$$=\lim_{x\to+\infty}\frac{(e^x+e^{-x})'}{(e^x-e^{-x})'}=\lim_{x\to+\infty}\frac{e^x-e^{-x}}{e^x+e^{-x}}=\cdots$$

如此重复运算，永远无法得到答案. 但原极限是存在的

$$\lim_{x\to+\infty}\frac{e^x-e^{-x}}{e^x+e^{-x}}=\lim_{x\to+\infty}\frac{1-e^{-2x}}{1+e^{-2x}}=\frac{\lim\limits_{x\to+\infty}(1-e^{-2x})}{\lim\limits_{x\to+\infty}(1+e^{-2x})}=\frac{1-0}{1+0}=1.$$

4.2.3 其他类型不定式求极限

不定式求极限还有 $0\cdot\infty$，1^∞，0^0，∞^0，$\infty-\infty$等类型. 经过简单变换，它们一般可化为$\frac{0}{0}$型或$\frac{\infty}{\infty}$型不定式后求极限.

例 4-12 求$\lim\limits_{x\to0^+}x\ln x$.

解: 此为$0\cdot\infty$型不定式，可通过恒等变换化为$\frac{\infty}{\infty}$型不定式，即

$$\lim_{x\to0^+}x\ln x=\lim_{x\to0^+}\frac{\ln x}{1/x}=\lim_{x\to0^+}\frac{(\ln x)'}{(1/x)'}$$

$$=\lim_{x\to0^+}\frac{1/x}{-1/x^2}=-\lim_{x\to0^+}x=0.$$

例 4-13 求$\lim\limits_{x\to1}x^{\frac{1}{1-x}}$.

解: 此为1^∞型不定式，可通过对数恒等式化为$\frac{0}{0}$型不定式，即

$$\lim_{x\to1}x^{\frac{1}{1-x}}=\lim_{x\to1}e^{\frac{\ln x}{1-x}}=e^{\lim\limits_{x\to1}\frac{\ln x}{1-x}}.$$

而

$$\lim_{x\to1}\frac{\ln x}{1-x}=\lim_{x\to1}\frac{(\ln x)'}{(1-x)'}=\lim_{x\to1}\frac{1/x}{-1}=-1,$$

因此

$$\lim_{x\to1}x^{\frac{1}{1-x}}=e^{-1}.$$

例 4-14 求$\lim\limits_{x\to0^+}(\sin x)^{\frac{2}{1+\ln x}}$.

解：此为 0^0 型不定式，可通过对数恒等式化为$\frac{\infty}{\infty}$型不定式，即

$$\lim_{x\to0^+}(\sin x)^{\frac{2}{1+\ln x}}=\lim_{x\to0^+}e^{\frac{2\ln(\sin x)}{1+\ln x}}=e^{\lim\limits_{x\to0^+}\frac{2\ln(\sin x)}{1+\ln x}}.$$

而

$$\lim_{x\to0^+}\frac{2\ln(\sin x)}{1+\ln x}=\lim_{x\to0^+}\frac{[2\ln(\sin x)]'}{(1+\ln x)'}=\lim_{x\to0^+}\frac{2\cos x/\sin x}{1/x}$$

$$=2\lim_{x\to0^+}\cos x\cdot\lim_{x\to0^+}\frac{x}{\sin x}=2,$$

因此

$$\lim_{x\to0^+}(\sin x)^{\frac{2}{1+\ln x}}=e^2.$$

例 4-15　求$\lim\limits_{x\to0^+}\left(\frac{1}{x}\right)^{\sin x}$.

解：此为∞^0 型不定式，可通过对数恒等式化为$\frac{\infty}{\infty}$型不定式，即

$$\lim_{x\to0^+}\left(\frac{1}{x}\right)^{\sin x}=\lim_{x\to0^+}e^{\ln\left(\frac{1}{x}\right)^{\sin x}}=e^{\lim\limits_{x\to0^+}\frac{-\ln x}{1/\sin x}}.$$

而

$$\lim_{x\to0^+}\frac{-\ln x}{1/\sin x}=\lim_{x\to0^+}\frac{(-\ln x)'}{(1/\sin x)'}=\lim_{x\to0^+}\frac{-1/x}{-\sin^{-2}x\cdot\cos x}$$

$$=\lim_{x\to0^+}\frac{\sin^2x}{x\cdot\cos x}$$

$$=\lim_{x\to0^+}\frac{\sin x}{x}\cdot\lim_{x\to0^+}\cos x\cdot\lim_{x\to0^+}\sin x$$

$$=0,$$

因此

$$\lim_{x\to+0^+}\left(\frac{1}{x}\right)^{\sin x}=e^0=1.$$

例 4-16　求$\lim\limits_{x\to0}\left(\frac{1}{x}-\frac{1}{e^x-1}\right)$.

解：这是一个$\infty-\infty$型不定式，通分后化为$\frac{0}{0}$型不定式，即

$$\lim_{x\to 0}\left(\frac{1}{x}-\frac{1}{e^x-1}\right)=\lim_{x\to 0}\frac{e^x-1-x}{x(e^x-1)}=\lim_{x\to 0}\frac{(e^x-1-x)'}{[x(e^x-1)]'}$$

$$=\lim_{x\to 0}\frac{e^x-1}{e^x-1+xe^x}=\lim_{x\to 0}\frac{(e^x-1)'}{(e^x-1+xe^x)'}$$

$$=\lim_{x\to 0}\frac{e^x}{e^x+e^x+xe^x}$$

$$=\frac{1}{2}.$$

习题 4-2

1. 求下列极限:

(1) $\lim\limits_{x\to 1}\frac{x-1}{\ln x}$; (2) $\lim\limits_{x\to 2}\frac{x^2-4}{x^3+2x^2-5x-6}$;

(3) $\lim\limits_{x\to 0}\frac{e^x-1}{\ln(1+x)}$; (4) $\lim\limits_{x\to 0}\frac{x-\tan x}{x^3}$;

(5) $\lim\limits_{x\to 0}\frac{\tan x-\sin x}{x^2-x\ln(1+x)}$; (6) $\lim\limits_{x\to 3}\left(\frac{6}{x^2-9}-\frac{1}{x-3}\right)$;

(7) $\lim\limits_{x\to 0^+}x\ln x$; (8) $\lim\limits_{x\to 0}\left(\frac{1}{\sin x}-\frac{1}{e^x-1}\right)$;

(9) $\lim\limits_{x\to 0^+}x^{\sin x}$; (10) $\lim\limits_{x\to 0}\left(\frac{2^x+5^x}{2}\right)^{\frac{1}{x}}$;

(11) $\lim\limits_{x\to +\infty}x^{\sin\frac{1}{x}}$; (12) $\lim\limits_{x\to 0}\left(\frac{1}{x^2}-\frac{1}{\sin^2 x}\right)$.

2. 验证极限$\lim\limits_{x\to\infty}\frac{x+\sin x}{x}$存在，但不能用洛必达法则得出.

4.3 导数的应用

导数是研究函数的有力工具，本节在函数可导的条件下，研究函数极值、闭区间上函数的最大或最小值、函数的凹凸区间等问题.

4.3.1 函数的极值

定义 1 设函数 $f(x)$在点 x_0 的某空心邻域 $\mathring{U}(x_0)$上有定义，对一切 $x\in\mathring{U}(x_0)$有

$$f(x)>f(x_0)\quad (f(x)<f(x_0)),$$

则称函数 $f(x)$在点 x_0 取得**极小(大)值**，称点 x_0 为**极小(大)值点**. 极大值、极小值统称为**极值**，极大值点、极小值点统称为**极值点**. 显然，极值是一个局部的概念，它只是对比极值点 x_0 处的函数值 $f(x_0)$与邻近的所有点的函数值间的大小关系.

例 4-17 研究函数 $f(x)=(x-1)^2$ 的极值.

解：显然 $x_0=1$ 为函数 $f(x)=(x-1)^2$ 的极小值点. 另外，由 4.1 节推论 3，在 $x_0=1$ 左边小邻域内 $f'(x)<0$，函数严格单调递减；在 $x_0=1$ 右边小邻域内 $f'(x)>0$，函数严格单调递增；而 $f'(1)=0$.

例 4-18 研究函数 $f(x)=|x|$的极值.

解：显然 $x_0=0$ 为函数 $f(x)=|x|$的极小值点. 另外，由 4.1 节推论 3，在 $x_0=0$ 左边小邻域内 $f'(x)=-1<0$，函数严格单调递减；在 $x_0=1$ 右边小邻域内 $f'(x)=1>0$，函数严格单调递增；但$f(x)=|x|$在 $x_0=0$ 处不可导.

下面，利用导数，我们讨论函数极值存在的必要条件和充分条件.

定理 6(极值存在的必要条件) 设函数 $f(x)$在点 x_0 处可导且取极值，则 $f'(x_0)=0$.

证：不妨设 $f(x_0)$为极小值，则在点 x_0 的某空心邻域 $\mathring{U}(x_0)$上，对一切 $x\in\mathring{U}(x_0)$，有

$$f(x)>f(x_0).$$

又已知 $f(x)$在点 x_0 处可导，因此

$$f'(x_0)=f'_-(x_0)=f'_+(x_0),$$

当 $x<x_0$ 时，$\dfrac{f(x)-f(x_0)}{x-x_0}<0$，因此

$$f'_-(x_0)=\lim_{x\to x_0^-}\frac{f(x)-f(x_0)}{x-x_0}\leqslant 0;$$

当 $x>x_0$ 时，$\dfrac{f(x)-f(x_0)}{x-x_0}>0$，因此

$$f'_+(x_0)=\lim_{x\to x_0^+}\frac{f(x)-f(x_0)}{x-x_0}\geqslant 0.$$

从而，$f'(x_0)=0$.

下面，我们将不加证明地给出判别极值的充分条件.

定理7(判别极值的第一充分条件) 设函数 $f(x)$ 在点 x_0 处连续且在某空心邻域 $\mathring{U}(x_0)$ 上可导，又 $f'(x_0)=0$ 或不存在.

(1) 如果当 $x\in\mathring{U}_-(x_0)$ 时，$f'(x)>0$，而当 $x\in\mathring{U}_+(x_0)$ 时，$f'(x)<0$，那么 $f(x_0)$ 为 $f(x)$ 的极大值；

(2) 如果当 $x\in\mathring{U}_-(x_0)$ 时，$f'(x)<0$，而当 $x\in\mathring{U}_+(x_0)$ 时，$f'(x)>0$，那么 $f(x_0)$ 为 $f(x)$ 的极小值.

例4-19 求函数 $f(x)=x^3-3x^2+5$ 的极值.

解：(1) $f'(x)=3x^2-6x=3x(x-2)$；

(2) 令 $f'(x)=0$ 得 $x_1=0$，$x_2=2$；

(3) 当 $x<0$ 时，$f'(x)>0$；当 $0<x<2$ 时，$f'(x)<0$；当 $x>2$ 时，$f'(x)>0$.

因此，由定理7，$f(0)=5$ 为 $f(x)$ 的一个极大值；$f(2)=1$ 为 $f(x)$ 的一个极小值.

例4-20 求函数 $f(x)=2-(x+1)^{\frac{2}{3}}$ 的极值.

解：(1) $f'(x)=-\dfrac{2}{3}(x+1)^{-\frac{1}{3}}$；

(2) 当 $x=-1$ 时，$f'(x)$ 不存在；

(3) 当 $x<-1$ 时，$f'(x)>0$；当 $x>-1$ 时，$f'(x)<0$.

因此，由定理7，$f(-1)=2$ 为 $f(x)$ 的一个极大值.

定理8(判别极值的第二充分条件) 设函数 $f(x)$ 在点 x_0 处具有二阶导数且 $f'(x_0)=0$，$f''(x_0)\neq 0$，则：

(1) 当 $f''(x_0)<0$ 时，$f(x_0)$ 为 $f(x)$ 的极大值；

(2) 当 $f''(x_0)>0$ 时，$f(x_0)$ 为 $f(x)$ 的极小值.

例4-21 求函数 $f(x)=x^3-3x^2+5$ 的极值.

解：(1) $f'(x)=3x^2-6x=3x(x-2)$，$f''(x)=6x-6$；

(2) 令 $f'(x)=0$ 得 $x_1=0$，$x_2=2$；

(3) $f''(0)=-6<0$，$f''(2)=6>0$.

因此，由定理8，$f(0)=5$为$f(x)$的一个极大值；$f(2)=1$为$f(x)$的一个极小值.

4.3.2 最大值与最小值

由2.4节知，闭区间上的连续函数一定可以取得到最大值与最小值，这为我们求闭区间上连续函数的最值提供了理论保证. 下面我们讨论如何求出这个最大(小)值.

设函数$f(x)$在闭区间$[a, b]$上连续. 若$f(x)$的最大(小)值在$x_0\in(a, b)$处取到，则x_0必定是$f(x)$的一个极大(小)值点. 而函数的极值点处要么导数为零（可导情形下，由函数取极值的必要条件），要么不可导. 因此，我们只要比较函数$f(x)$在所有导数为零的点、不可导点和区间两端点处的函数值，就能从中找到$f(x)$在$[a, b]$上的最大(小)值.

例 4-22 求函数$f(x)=x^5-5x^4+5x^3+2$在区间$[-1, 2]$上的最大(小)值.

解：令$f'(x)=5x^4-20x^3+15x^2=5x^2(x-1)(x-3)=0$.

在$(-1, 2)$内，求得$x_1=0$，$x_2=1$.

又$f(-1)=-9$，$f(0)=2$，$f(1)=3$，$f(2)=-6$.

因此，函数$f(x)$在$x=-1$处取得最小值-9，在$x=1$处取得最大值3.

另外，在生产实践中，我们常会遇到求函数的最大(小)值问题.

例 4-23 把长为L的线段截为两段，问怎样的截法能使以这两段为边长的矩形面积最大?

解：设线段截成长为x，$L-x(0<x<L)$的两段，则矩形面积为

$$S(x)=x(L-x),$$

令$S'(x)=L-2x=0$，得$x=\frac{L}{2}$，并由$S''\left(\frac{L}{2}\right)=-2<0$知$S\left(\frac{L}{2}\right)=\frac{L^2}{4}$为极大值. 又$S(0^+)=S(L^-)=0$，故$S\left(\frac{L}{2}\right)=\frac{L^2}{4}$为最

大值，即将线段平分为两段，以此两段为边长的矩形面积最大.

4.3.3　函数曲线的凹凸性与拐点

利用一阶导数研究函数曲线的变化状况时，仅知曲线在区间上升或下降，并不能完全反映它的变化规律. 如图 4-1 和图 4-2 所示，函数 $y=f(x)$的曲线均为单调上升. 但在图 4-1 中，曲线向上弯曲的弧段总位于连接弧段两端点的弦的上方；而图 4-2 中，曲线向上弯曲的弧段总位于连接弧段两端点的弦的下方. 因此，有必要进一步考虑曲线的弯曲方向，以及在曲线上何处弯曲方向改变.

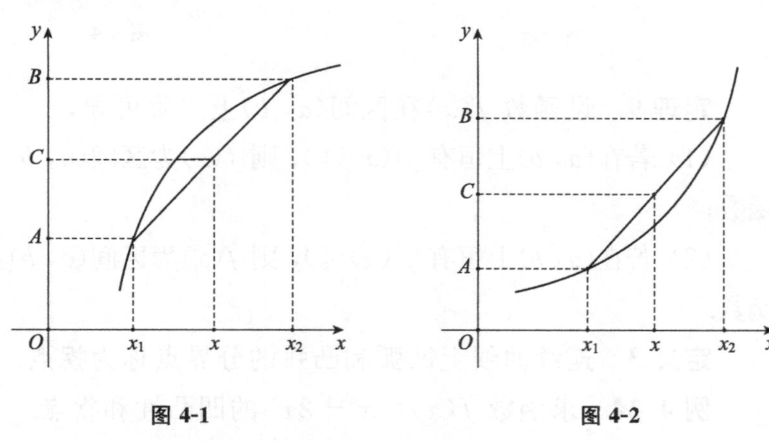

图 4-1　　图 4-2

据此，我们给出如下定义：

(＊)定义 2　设函数 $f(x)$在区间(a, b)上连续，若对任意 $x_1, x_2\in(a, b)$和任意实数 $\lambda\in(0, 1)$恒有

$$f(\lambda x_1+(1-\lambda)x_2)\leqslant\lambda f(x_1)+(1-\lambda)f(x_2),$$

则称 $f(x)$为(a, b)上的**凸函数**，也称曲线 $f(x)$在(a,b)上为凸曲线. 反之，若总有

$$f(\lambda x_1+(1-\lambda)x_2)\geqslant\lambda f(x_1)+(1-\lambda)f(x_2),$$

则称 $f(x)$为(a, b)上的**凹函数**，也称曲线 $f(x)$在(a,b)上为凹曲线.

下面利用二阶导数研究函数曲线的凹凸性.

设函数曲线上处处均有切线存在，由图 4-3 可以看出，当曲线为凸时，从左到右，切线的斜率由小变大，即 $f'(x)$递增，如果二阶导数存在，必有 $f''(x)\geqslant0$；类似地，从图 4-4 可以看出，当曲线为凹时，从左到右，切线的斜率由大变小，即 $f'(x)$ 递减，如果二阶导数存在，必有 $f''(x)\leqslant 0$. 据此，我们将不加证明地给出有关判别函数曲线凹凸性的定理.

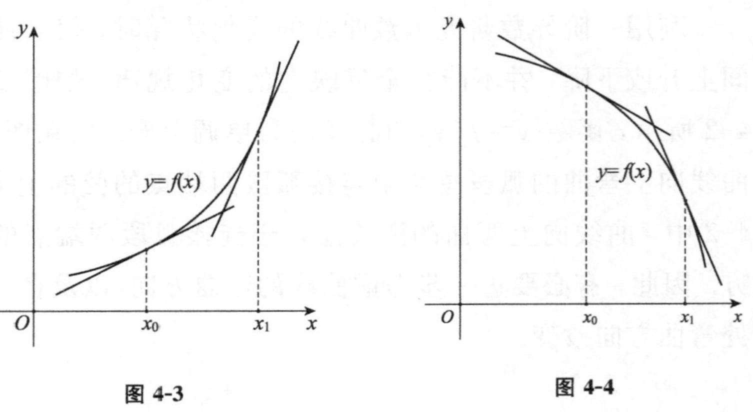

图 4-3　　　　图 4-4

定理 9　设函数 $f(x)$在区间(a, b)上二阶可导，

(1) 若在(a, b)上恒有 $f''(x)\geqslant 0$，则 $f(x)$为区间(a, b)上的凸函数；

(2) 若在(a, b)上恒有 $f''(x)\leqslant 0$，则 $f(x)$为区间(a, b)上的凹函数.

定义 3　连续曲线上凹弧和凸弧的分界点称为**拐点**.

例 4-24　求函数 $f(x)=x^4+2x^3$ 的凹凸性和拐点.

解：容易求得：

$$f'(x)=4x^3+6x^2,\ f''(x)=12x^2+12x=12x(x+1).$$

当 $x<-1$ 时，$f''(x)>0$，曲线是凸弧；当 $-1<x<0$ 时，$f''(x)<0$，曲线是凹弧；当 $x>0$ 时，$f''(x)>0$，曲线是凸弧. 因此，$(-1, -1)$和$(0, 0)$是曲线的两个拐点.

习题 4-3

1. 求下列函数的极值：

(1) $f(x)=x^2-4x-8$；(2) $f(x)=x^3-3x$；

(3) $f(x)=x^4-2x^2$；　(4) $f(x)=x\mathrm{e}^{-2x}$；

(5) $f(x)=\dfrac{\ln x}{x}$；　(6) $f(x)=\arctan x-\dfrac{\ln(1+x^2)}{2}$.

2. 求下列函数在给定区间上的最大值、最小值：

(1) $f(x)=2x^3-3x^2$，$x\in[-1, 2]$；

(2) $f(x)=x^5-5x, x\in[-2, 0]$；

(3) $f(x)=4x^2+\frac{1}{x}$，$x\in[1, 2]$；

(4) $f(x)=x+\sqrt{1-x}$，$x\in[-1, 1]$.

3. 一个无盖的圆柱形容器，当给定体积为定值 V_0 时，要使容器的表面积最小，问底面半径与容器的高的比例应该如何设置?

4. 求一个正数，使得它与其倒数之和最小.

5. 求下列函数凹凸区间及拐点：

(1) $f(x)=x^3-6x^2-8$；　(2) $f(x)=\ln(x^2+1)$；

(3) $f(x)=x\arctan x$；　(4) $f(x)=(x^2-1)^2+2$.

第5章　一元函数积分

本章将讨论微积分学的另一个基本问题——积分问题. 首先，我们从几何学、物理学等问题出发，引出定积分定义，然后讨论其性质、计算方法及其应用. 其中，微积分基本定理(即牛顿-莱布尼茨公式)建立了积分与导数之间的重要关系，是本章的重点.

5.1　定积分概念

本节从曲边梯形面积、变力沿直线做功等问题出发，引出定积分概念，并给出积分基本性质，为积分计算奠定基础.

5.1.1　问题提出

1. 曲边梯形面积

从小学到初高中，大家学会了如何求直角三角形、矩形、梯形等直边图形的面积，分别如图5-1所示.

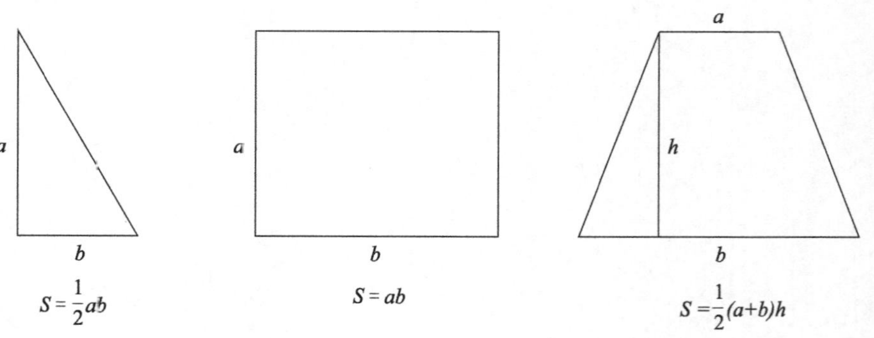

图 5-1

下面我们研究如何处理曲边图形的面积，以曲边梯形为例. 设$f(x)$为闭区间$[a, b]$上非负连续函数，求由曲线 $y=f(x)$、直线 $x=a$、直线 $x=b$ 和 x 轴所围成的平面图形的面积. 由于连续函数在自变量的小幅变动中，对应函数值变动幅度不大. 我们采取先化整为零(分割)，接着小范围中以直代曲(近似)，随后累加求和，最后取极限的方法来定义曲边梯形面积，借此可类似得到其余曲边图形面积.

分割：在区间$[a, b]$中任意添加 $n-1$ 个分点，依次记为

$$a=x_0<x_1<\cdots<x_{n-1}<x_n=b,$$

这些分点将$[a, b]$分割为 n 个小区间$[x_{i-1}, x_i]$，$i=1, 2, \cdots, n$. 再用直线 $x=x_1$，直线 $x=x_2$，…，直线 $x=x_{n-1}$将原曲边梯形分割成 n 个小的曲边梯形，如图 5-2 所示.

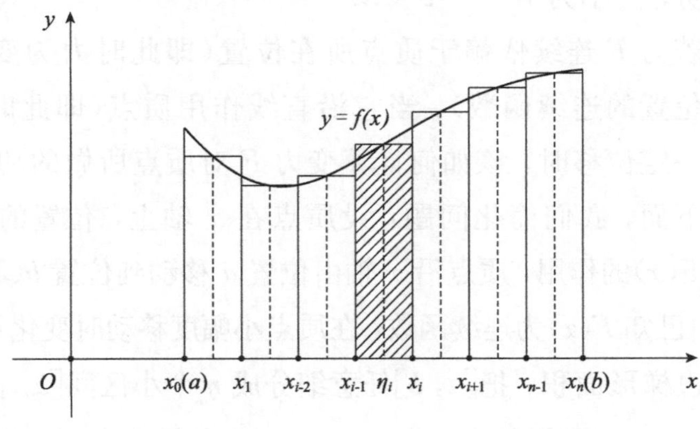

图 5-2

近似：在每个小区间$[x_{i-1}, x_i]$上任取一点 η_i，作以 $f(\eta_i)$ 为高，x_i-x_{i-1}为边长的小矩形. 只要小区间长度 $\Delta x_i=x_i-x_{i-1}$充分小(即分点个数较多，分割够细密)，由于连续函数在自变量的小幅变动中函数值变化不大，从而在每个小区间上用小矩形面积近似替代相应的小曲边梯形面积.

求和：用 n 个小矩形面积的和作为原曲边梯形面积 A 的近似值，即

$$A\approx\sum_{i=1}^{n}f(\eta_i)\Delta x_i.$$

注意到上式右边和式与 Δx_i 及 η_i 均有关，即依赖于对区间$[a, b]$的

分割粗细，又与每个小区间上 η_i 的选取有关.

取极限：当对$[a, b]$进行无限细分时，和式与某一常数无限接近且不受每个小区间上 η_i 的选取影响，则我们定义此常数为**曲边梯形的面积**.

2. 变力沿直线做功

在初高中物理时，我们学习到，质点在恒力 F 作用下沿直线运动位移 S 后，力 F 对质点所做功为

$$W=F\cdot S\cdot\cos\theta,$$

其中，θ 为力 F 与位移 S 的夹角. 当力与位移在同一直线上且方向相同时，即 $\theta=0$，此时力 F 对质点做正功，大小为 $W=F\cdot S$；当力与位移在同一直线上且方向相反时，即 $\theta=\pi$，此时力 F 对质点做负功，大小为 $W=-F\cdot S$.

若力 F 连续依赖于质点所在位置(即此时力为变力，且为质点位置的连续函数)，当它沿直线作用质点(即此时 $\theta=0$)并运行一定位移时，该如何计算变力 F 对质点所做的功 W 呢?

下面，我们简化问题：设质点在 x 轴上，位置的坐标为 x，受力 $F(x)$的作用，质点沿 x 轴由位置 a 移动到位置 b(不妨设 $a<b$). 由已知 $F(x)$为连续函数，在质点小幅度移动时变化不大. 类似求曲边梯形面积，把$[a, b]$任意细分成 n 个小区间$[x_{i-1}, x_i]$，$i=1, 2, \cdots, n$，区间长度 $\Delta x_i=x_i-x_{i-1}$；在每个小区间上任取一点 η_i，此时在小区间上变力 $F(x)$用恒力 $F(\eta_i)$近似替代；于是，质点从 x_{i-1}移动到 x_i 变力 $F(x)$所做的功近似等于 $F(\eta_i)\Delta x_i$；因此

$$W\approx\sum_{i=1}^{n}F(\eta_i)\Delta x_i.$$

同样地，当对$[a, b]$进行无限细分时，若上述和式与某一常数无限接近且不受每个小区间上 η_i 的选取影响，则我们定义此常数为**变力所做的功**.

上面两个例子，一个来自几何学，一个来自物理学，它们的解决最终都归结为和式求极限. 在生活实际中还有诸多类似问题，解决这类问题的思想方法概括为“分割，近似，求和，取极限”. 这就是产生定积分概念的背景.

5.1.2 定积分的定义

定义1 设函数 $f(x)$在有限闭区间$[a, b]$上有定义，用任意分点

$$a=x_0<x_1<\cdots<x_{n-1}<x_n=b,$$

将$[a, b]$分成 n 个小区间$[x_{i-1}, x_i]$，$i=1, 2, \cdots, n$，区间长度$\Delta x_i=x_i-x_{i-1}$，在每个小区间$[x_{i-1}, x_i]$上任取一点 η_i，作和式

$$\sum_{i=1}^{n} f(\eta_i)\Delta x_i \quad \text{(此和式称为\textbf{黎曼和})},$$

记$\lambda=\max\limits_{1\leqslant i\leqslant n}\{\Delta x_i\}$，即 n 个小区间中长度最大的记为λ. 若当$\lambda\to 0$（即小区间长度最大趋于零，分割足够细密）时，上述和式极限存在且与点 η_i 的**选取无关**，则称函数 $f(x)$在$[a, b]$上**黎曼可积**，并将此极限值称为 $f(x)$在$[a, b]$上的定积分，记为

$$\int_a^b f(x)\mathrm{d}x=\lim_{\lambda\to 0}\sum_{i=1}^{n} f(\eta_i)\Delta x_i,$$

其中，$\int$ 称为积分符号，a 称为积分下限，b 称为积分上限，f 称为被积函数，x 称为积分变量，d 表示微分符号，$[a, b]$称为积分区间.

依定积分定义，由曲线 $y=f(x)$、直线 $x=a$、直线 $x=b$ 和 x 轴所围成的曲边梯形面积为

$$A=\int_a^b f(x)\mathrm{d}x \quad (f(x)\geqslant 0);$$

变力 $F(x)$将质点沿 x 轴由位置 a 移动到位置 b 所做的功为

$$W=\int_a^b F(x)\mathrm{d}x.$$

注：

(1) 在定义中，要注意闭区间的有界性，区间分割的任意性，中间点选取的任意性.

(2) 定积分为和式极限值，是一个常数. 它只与积分区间$[a, b]$及被积函数 f 有关，而与积分变量用什么字母表示无关，即

$$\int_a^b f(x)\mathrm{d}x=\int_a^b f(t)\mathrm{d}t=\int_a^b f(y)\mathrm{d}y=\cdots.$$

(3) 规定 $\int_a^a f(x)\mathrm{d}x = 0$；$\int_a^b f(x)\mathrm{d}x = -\int_b^a f(x)\mathrm{d}x$.

(4) 由曲边梯形面积的引例可知，定积分有明确的几何意义，即当 $f(x) \geqslant 0$ 时，它表示由曲线 $y = f(x)$、直线 $x = a$、直线 $x = b$ 和 x 轴所围成的曲边梯形面积. 当 $f(x) \leqslant 0$，它表示由曲线 $y = f(x)$、直线 $x = a$、直线 $x = b$ 和 x 轴所围成的曲边梯形面积的负值；当 $f(x)$ 在区间 $[a, b]$ 上既有正值也有负值时，它表示由曲线 $y = f(x)$、直线 $x = a$、直线 $x = b$ 和 x 轴所围成的图形中，位于 x 轴上方的图形的面积之和减去位于 x 轴下方的图形的面积之和.

例 5-1 求 $\int_a^b 1\mathrm{d}x$.

解：显然，此时被积函数 $f(x) \equiv 1$. 不管对区间 $[a, b]$ 如何分割，中间点 η_i 如何选取，均有 $f(\eta_i) \equiv 1$，此时黎曼和 $\sum\limits_{i=1}^{n} f(\eta_i)\Delta x_i = \sum\limits_{i=1}^{n} 1 \cdot \Delta x_i = b - a$，因此

$$\int_a^b 1\mathrm{d}x = \lim_{\lambda \to 0} \sum_{i=1}^{n} f(\eta_i)\Delta x_i = b - a.$$

例 5-2 用定积分几何意义求 $\int_0^1 x\mathrm{d}x$.

解：依定积分定义，此为由曲线 $y = x$、直线 $x = 0$、直线 $x = 1$ 和 x 轴所围成的直角三角形面积，显然此面积值为 $\frac{1}{2}$，即 $\int_0^1 x\mathrm{d}x = \frac{1}{2}$.

例 5-3 研究狄利克雷函数 $D(x) = \begin{cases} 1, & x \text{ 为有理数}, \\ 0, & x \text{ 为无理数} \end{cases}$ 在区间 $[0, 1]$ 上的可积性.

解：显然，在对 $[0, 1]$ 的任意分割中，在每个小区间内既有有理数也有无理数. 因此，不管分割取得多么细密，当所有小区间上的中间点 η_i 均取有理数点时，有 $f(\eta_i) = 1$，此时

$$\sum_{i=1}^{n} f(\eta_i)\Delta x_i = \sum_{i=1}^{n} 1 \cdot \Delta x_i = 1;$$

而当所有小区间上的中间点 η_i 均取无理数点时，有 $f(\eta_i) = 0$，

此时

$$\sum_{i=1}^{n} f(\eta_i)\Delta x_i = \sum_{i=1}^{n} 0 \cdot \Delta x_i = 0.$$

从而，黎曼和在满足分割细密的条件下，依中间点的选取，分别趋于不同的极限值，此与函数黎曼可积定义不合，因此，狄利克雷函数在区间$[0, 1]$上是不可积的.

那么，什么样的函数在区间$[a, b]$上一定可积呢？下面，我们不加证明地给出以下两个函数可积的充分条件：

定理1　若 $f(x)$在$[a, b]$上连续，则 $f(x)$在$[a, b]$上可积.

定理2　若 $f(x)$在$[a, b]$上有界且只有有限个间断点，则 $f(x)$在$[a, b]$上可积.

5.1.3　定积分的基本性质

下面，假设函数在所定义的区间上是黎曼可积的，我们将不加证明地给出定积分的若干性质.

性质1　(线性性质)

$$\int_a^b (k_1 f(x) + k_2 g(x))\mathrm{d}x = k_1\int_a^b f(x)\mathrm{d}x + k_2\int_a^b g(x)\mathrm{d}x,$$

其中，k_1，k_2 为实常数.

性质2　(关于区间可加性)

$$\int_a^b f(x)\mathrm{d}x = \int_a^c f(x)\mathrm{d}x + \int_c^b f(x)\mathrm{d}x,$$

其中，常数 $c\in[a, b]$.

性质3　(保不等式性)

若函数 $f(x)$和 $g(x)$在$[a, b]$上满足 $f(x)\leqslant g(x)$，则

$$\int_a^b f(x)\mathrm{d}x \leqslant \int_a^b g(x)\mathrm{d}x.$$

性质4　(积分中值定理)

若函数 $f(x)$在$[a, b]$上连续，则在$[a, b]$上至少存在一点 η，使得

$$\int_a^b f(x)\mathrm{d}x = f(\eta)(b-a).$$

注：性质 1、性质 2 和性质 3 可由定积分的定义式证明；性质 4 可利用连续函数最值定理、性质 3 并结合介值定理证明.

例 5-4 比较积分 $I_1=\int_0^1 x^2\mathrm{d}x$ 和 $I_2=\int_0^1 x^3\mathrm{d}x$ 的大小.

解：显然，在$[0,1]$上，$x^2\geqslant x^3$，由性质 3，$I_1\geqslant I_2$.

例 5-5 估计积分 $I=\int_0^1 x^4\mathrm{d}x$ 的大小.

解：显然，在$[0,1]$上，$0\leqslant x^4\leqslant 1$，由性质3，$0\leqslant\int_0^1 x^4\mathrm{d}x\leqslant 1$.

习题 5-1

1. 利用定积分几何意义，计算下列定积分值：

(1) $\int_0^1 x\mathrm{d}x$；　　(2) $\int_{-1}^1\sqrt{1-x^2}\mathrm{d}x$；

(3) $\int_0^{2\pi}\sin x\mathrm{d}x$.

2. 通过对积分区间作 n 等分分割，并采取适当的中间点 η_i，把定积分看作对应的积分和的极限，计算下列定积分：

(1) $\int_0^1 x^2\mathrm{d}x$，提示：$\sum_{i=1}^n i^2=\frac{1}{6}n(n+1)(2n+1)$；

(2) $\int_0^1 \mathrm{e}^x\mathrm{d}x$.

3. 比较下列各题中两个积分的大小：

(1) $I_1=\int_0^1 x^3\mathrm{d}x$，　$I_2=\int_0^1 x^4\mathrm{d}x$；

(2) $I_1=\int_0^1 x\mathrm{d}x$，　$I_2=\int_0^1 \ln(1+x)\mathrm{d}x$；

(3) $I_1=\int_0^1(1+x)\mathrm{d}x$，$I_2=\int_0^1\mathrm{e}^x\mathrm{d}x$.

5.2 不定积分

在第 3 章中，我们介绍了导数的概念，本节将讨论求导的反问题，即寻求一个可导函数，使得它的导数等于已知函数，这关系到后面定积分具体计算.

5.2.1 原函数

定义 2 设函数 $f(x)$和可导函数 $F(x)$在区间 I 上均有定义，且对任意 $x\in I$，有

$$F'(x)=f(x),$$

则称 $F(x)$为 $f(x)$在 I 上的一个**原函数**.

例如，$(\sin x)'=\cos x$，$(\sin x+1)'=\cos x$，$(\sin x+2)'=\cos x$，因此，$\sin x$，$\sin x+1$ 和$\sin x+2$ 都是 $\cos x$ 的原函数.

注：

(1) 显然，若 $F(x)$为 $f(x)$在 I 上的一个原函数，由于

$$(F(x)+C)'=F'(x)+C'=f(x),$$

因此，$F(x)+C$ 也是 $f(x)$在 I 上的原函数，其中，C 为任意常数.

(2) 若 $F(x)$和 $G(x)$都是 $f(x)$在 I 上的原函数，则

$$F(x)=G(x)+C_0 \quad (C_0\text{ 为给定常数}),$$

这是因为：此时在区间 I 上，恒有$(F(x)-G(x))'=f(x)-f(x)=0$，由拉格朗日定理的推论即得.

由以上两个注意事项，我们引进如下定义：

定义 3 设 $F(x)$为 $f(x)$在区间 I 上的一个原函数，则 $f(x)$在区间 I 上的全体原函数称为 $f(x)$在区间 I 上的**不定积分**，记作

$$\int f(x)\mathrm{d}x = F(x)+C.$$

例 5-6 求$\int x\mathrm{d}x$.

解：由于$\left(\frac{x^2}{2}\right)'=x$，知$\frac{x^2}{2}$是$x$的一个原函数，所以

$$\int x\mathrm{d}x=\frac{x^2}{2}+C.$$

例 5-7 求$\int \sin x\mathrm{d}x$.

解：由于$(-\cos x)'=\sin x$，知$-\cos x$是$\sin x$的一个原函数，所以

$$\int \sin x\mathrm{d}x=-\cos x+C.$$

5.2.2 不定积分的性质

由不定积分的定义，我们不加证明地给出不定积分的两个性质：

性质 1 函数和的不定积分等于各个函数的不定积分的和，即

$$\int[f(x)+g(x)]\mathrm{d}x=\int f(x)\mathrm{d}x+\int g(x)\mathrm{d}x.$$

性质 2 求不定积分时，被积函数中不为零的常数因子可以提到积分号外，即

$$\int kf(x)\mathrm{d}x=k\int f(x)\mathrm{d}x \quad (\text{其中，常数 } k\neq 0).$$

5.2.3 基本积分公式表

以下的不定积分公式均可通过求导计算进行验证，这里，我们将其汇总罗列如下，验证过程留待读者自行完成，其中，公式里的a，C均为常数.

1. $\int 0\mathrm{d}x=C$;

2. $\int 1\mathrm{d}x=x+C$;

3. $\int x^a\mathrm{d}x=\frac{1}{a+1}x^{a+1}+C(a\neq -1,\ x>0)$;

4. $\int \frac{1}{x+a}\mathrm{d}x=\ln|x+a|+C$;

5. $\int e^{ax} dx = \frac{1}{a} e^{ax} + C(a \neq 0)$；

6. $\int a^x dx = \frac{a^x}{\ln a} + C(a > 0, a \neq 1)$；

7. $\int \sin ax dx = -\frac{1}{a} \cos ax + C(a \neq 0)$；

8. $\int \cos ax dx = \frac{1}{a} \sin ax + C(a \neq 0)$；

9. $\int \frac{1}{\cos^2 ax} dx = \frac{1}{a} \tan ax + C(a \neq 0)$；

10. $\int \frac{1}{\sin^2 ax} dx = -\frac{1}{a} \cot ax + C(a \neq 0)$；

11. $\int \frac{1}{a^2 + x^2} dx = \frac{1}{a} \arctan \frac{x}{a} + C(a \neq 0)$；

12. $\int \frac{1}{\sqrt{a^2 - x^2}} dx = \arcsin \frac{x}{a} + C(a > 0)$.

利用不定积分的性质及上述基本积分公式表，可以计算一些简单函数的不定积分.

例 5-8　求$\int (x^2 - 2x) dx$.

解：

$$\int (x^2 - 2x) dx = \int x^2 dx - \int 2x dx$$
$$= \frac{x^3}{3} - x^2 + C.$$

例 5-9　求$\int \frac{(x-1)^2}{x} dx$.

解：

$$\int \frac{(x-1)^2}{x} dx = \int \frac{x^2 - 2x + 1}{x} dx = \int \left(x - 2 + \frac{1}{x}\right) dx$$
$$= \int x dx - 2\int 1 dx + \int \frac{1}{x} dx$$
$$= \frac{x^2}{2} - 2x + \ln |x| + C.$$

例 5-10　求$\int (e^x - 2\sin x) dx$.

解：

$$\int (e^x - 2\sin x)dx = \int e^x\ dx - 2\int \sin x dx$$
$$= e^x + 2\cos x + C.$$

上述例子通过不定积分性质及基本积分表即可求解，但有时，不定积分的计算需要对被积函数进行恰当变形，再运用性质及积分表计算.

例 5-11　求$\int \frac{x^4}{1+x^2}dx$.

解：

$$\int \frac{x^4}{1+x^2}dx = \int \frac{x^4-1+1}{1+x^2}\ dx$$
$$= \int \frac{(x^2-1)(x^2+1)}{1+x^2}\ dx + \int \frac{1}{1+x^2}\ dx$$
$$= \int (x^2-1)dx + \arctan x$$
$$= \frac{x^3}{3} - x + \arctan x + C.$$

例 5-12　求$\int \tan^2 x dx$.

解：

$$\int \tan^2 x dx = \int \frac{\sin^2 x}{\cos^2 x}\ dx = \int \frac{1-\cos^2 x}{\cos^2 x}\ dx$$
$$= \int \left(\frac{1}{\cos^2 x} - 1\right)\ dx = \int \frac{1}{\cos^2 x}\ dx - \int 1dx$$
$$= \tan x - x + C.$$

习题 5-2

1. 计算下列不定积分：

(1) $\int \frac{1}{\sqrt{x}}\ dx$；　　(2) $\int x^3\ \sqrt{x}dx$；

(3) $\int \left[1 - x^3 - \frac{1}{\sqrt[5]{x^2}}\right]\ dx$；　　(4) $\int \left(x - \frac{1}{x}\right)^2 dx$；

(5) $\int \frac{x^2}{x^2+1}\mathrm{d}x$；　　(6) $\int \frac{1}{x^2(1+x^2)}\mathrm{d}x$；

(7) $\int \frac{\cos 2x}{\cos x+\sin x}\mathrm{d}x$；　　(8) $\int \sin^2\frac{x}{2}\mathrm{d}x$；

(9) $\int \frac{1}{1+\cos 2x}\mathrm{d}x$；　　(10) $\int \cot^2 x\mathrm{d}x$.

5.3　微积分基本公式

在5.1节中，我们发现，直接由定积分定义来计算函数在闭区间上的定积分值，并不是件很容易的事. 因此，在本节中，我们意图寻求计算定积分的新方法，通过分析定积分性质，得到联系定积分与不定积分的重要计算公式——牛顿-莱布尼茨公式.

5.3.1　变上限积分

设函数 $f(t)$在$[a,b]$上连续，任意给定 $x\in[a,b]$，考察 $f(t)$在区间$[a,x]$上的积分

$$\int_a^x f(t)\mathrm{d}t,$$

由于 $f(t)$在$[a,b]$上连续从而在$[a,x]$上连续，故上述积分值存在；当 x 在$[a,b]$上任意取定时，均有唯一积分值与之对应，因此，我们定义了一个新的函数，记作

$$\Phi(x)=\int_a^x f(t)\mathrm{d}t,\ x\in[a,b],$$

称之为变上限积分. 同理可定义变下限积分 $\int_x^b f(t)\mathrm{d}t,\ x\in[a,b]$.

下面，我们不加证明地给出变上限积分的一个重要性质：

定理 3　设函数 $f(t)$在$[a,b]$上连续，则变上限积分

$$\Phi(x)=\int_a^x f(t)\mathrm{d}t,$$

在$[a,b]$上可导，且

$$\Phi'(x)=f(x),\ x\in[a,b].$$

注：定理3可利用导数定义式，并结合5.1节中积分性质4(积分中值定理)证明.

例 5-13 求 $\left(\int_1^x (e^{t^2}-1)dt\right)'$.

解：$\left(\int_1^x (e^{t^2}-1)dt\right)' = e^{x^2}-1$.

例 5-14 求 $\lim\limits_{x\to 0}\dfrac{\int_0^x \sin t^2 dt}{x^3}$.

解：函数 $f(t)=\sin t^2$ 连续，变上限积分 $\int_0^x \sin t^2 dt$ 可导. 又此为 $\dfrac{0}{0}$ 型不定式. 由洛必达法则

$$\lim_{x\to 0}\frac{\int_0^x \sin t^2 dt}{x^3}=\lim_{x\to 0}\frac{\left(\int_0^x \sin t^2 dt\right)'}{(x^3)'}=\lim_{x\to 0}\frac{\sin x^2}{3x^2}=\frac{1}{3}.$$

5.3.2 牛顿-莱布尼茨公式

下面，我们给出本章最重要的一个计算公式，它建立了积分与微分间的联系.

定理 4(牛顿-莱布尼茨公式) 设函数 $F(x)$ 是连续函数 $f(x)$ 在 $[a, b]$ 上的一个原函数，则

$$\int_a^b f(x)dx = F(b)-F(a).$$

证：设

$$\Phi(x)=\int_a^x f(t)dt,$$

因为 $\Phi(x)$ 和 $F(x)$ 都是 $f(x)$ 的原函数，而同一函数的两个原函数只相差一个常数，故有

$$\Phi(x)=F(x)+C_0,$$

即

$$\Phi(x)=\int_a^x f(t)dt = F(x)+C_0,$$

上式中，令 $x=a$，得

$$\Phi(a)=\int_a^a f(t)dt = F(a)+C_0=0,$$

$$C_0 = -F(a),$$

再令 $x=b$，即得

$$\Phi(b) = \int_a^b f(t)\,\mathrm{d}t = F(b) + C_0 = F(b) - F(a).$$

此计算公式也称为**微积分基本公式**. 通常，我们以 $[F(x)]_a^b$ 表示 $F(b)-F(a)$.

注：由牛顿-莱布尼茨公式，求连续函数在闭区间上定积分的值，关键在于求出它的一个原函数.

例 5-15　计算 $\int_2^3 x^2\,\mathrm{d}x$.

解：由 $\left(\frac{x^3}{3}\right)'=x^2$，知 $\frac{x^3}{3}$ 是 x^2 的一个原函数，依定理 4，我们有

$$\int_2^3 x^2\,\mathrm{d}x = \left[\frac{x^3}{3}\right]_2^3 = \frac{3^3}{3} - \frac{2^3}{3} = \frac{19}{3}.$$

例 5-16　计算 $\int_0^1 \mathrm{e}^{2x}\,\mathrm{d}x$.

解：由 $\left(\frac{\mathrm{e}^{2x}}{2}\right)' = \mathrm{e}^{2x}$ 知 $\frac{\mathrm{e}^{2x}}{2}$ 是 e^{2x} 的一个原函数，依定理 4，我们有

$$\int_0^1 \mathrm{e}^{2x}\,\mathrm{d}x = \left[\frac{\mathrm{e}^{2x}}{2}\right]_0^1 = \frac{\mathrm{e}^2}{2} - \frac{1}{2}.$$

例 5-17　计算 $\int_{-2}^1 |x|\,\mathrm{d}x$.

解：显然 $\frac{x^2}{2}$ 是 x 的一个原函数，由定积分关于区间可加性及定理 4，有

$$\begin{aligned}\int_{-2}^1 |x|\,\mathrm{d}x &= \int_{-2}^0 (-x)\,\mathrm{d}x + \int_0^1 x\,\mathrm{d}x \\ &= \left[-\frac{x^2}{2}\right]_{-2}^0 + \left[\frac{x^2}{2}\right]_0^1 \\ &= -\left[0 - \frac{(-2)^2}{2}\right] + \left(\frac{1}{2} - 0\right) = \frac{5}{2}.\end{aligned}$$

习题 5-3

1. 求下列函数导数：

(1) $\Phi(x)=\int_{1}^{x}\mathrm{e}^{3t}\mathrm{d}t$；　　(2) $\Phi(x)=\int_{x}^{2}\sin t\mathrm{d}t$；

(3) $\Phi(x)=\int_{0}^{2x}\frac{1}{1+t^{2}}\mathrm{d}t$；　　(4) $\Phi(x)=\int_{x}^{3x}t^{2}\mathrm{d}t$.

2. 求下列极限：

(1) $\lim\limits_{x\to 0}\frac{\int_{0}^{x}\sin t\mathrm{d}t}{x^{2}}$；　　(2) $\lim\limits_{x\to 0}\frac{\int_{x}^{0}\sin^{2}t\mathrm{d}t}{x^{3}}$；

(3) $\lim\limits_{x\to 0}\frac{\int_{0}^{x}\ln(1+t)\mathrm{d}t}{\int_{0}^{x}(\mathrm{e}^{t}-1)\mathrm{d}t}$；　　(4) $\lim\limits_{x\to 1}\frac{\int_{1}^{x}\sin(t-1)\mathrm{d}t}{\int_{x}^{1}(1-t)\mathrm{d}t}$.

3. 计算下列积分：

(1) $\int_{0}^{2}(3x^{2}-1)\mathrm{d}x$；　　(2) $\int_{1}^{4}\frac{1}{\sqrt{x}}\mathrm{d}x$；

(3) $\int_{1}^{2}(x-1)^{2}\mathrm{d}x$；　　(4) $\int_{0}^{1}\frac{x^{2}}{1+x^{2}}\mathrm{d}x$；

(5) $\int_{0}^{1}\mathrm{e}^{-3x}\mathrm{d}x$；　　(6) $\int_{0}^{\pi}\sin^{2}\frac{x}{2}\mathrm{d}x$；

(7) $\int_{0}^{2}|x-1|\mathrm{d}x$；　　(8) $\int_{0}^{\pi}|\cos x|\mathrm{d}x$.

5.4　定积分的换元积分法和分部积分法

由求导与积分间的关系，本节给出计算定积分的两种重要方法——换元积分法和分部积分法. 其中，根据复合函数求导法则，我们先给出计算定积分的一种重要方法——换元积分法；然后，由两个函数乘积的求导法则，给出计算定积分的另一种重要方法——分部积分法.

5.4.1 定积分的换元积分法

定理5 设函数 $f(x)$在$[a, b]$上连续，函数 $x=\varphi(t)$满足：

(1) 当 t 从 α 变动到 β 时，$x=\varphi(t)$从 $\varphi(\alpha)=a$ 单调增加(或减少)变动到 $\varphi(\beta)=b$；

(2) $\varphi(t)$在$[\alpha, \beta]$(或$[\beta, \alpha]$)的导函数 $\varphi'(t)$连续，则有

$$\int_a^b f(x)\mathrm{d}x=\int_\alpha^\beta f[\varphi(t)]\varphi'(t)\mathrm{d}t. \tag{5-1}$$

证：设 $F(x)$为 $f(x)$在$[a, b]$上的一个原函数，即 $F'(x)=f(x)$，又由复合函数求导法则，知

$$[F(\varphi(t))]'=f(\varphi(t))\varphi'(t),$$

即 $F(\varphi(t))$为 $f(\varphi(t))\varphi'(t)$在$[\alpha, \beta]$(或$[\beta, \alpha]$)上的一个原函数. 由牛顿-莱布尼茨公式

$$\int_a^b f(x)\mathrm{d}x=F(b)-F(a),$$

又

$$\begin{aligned}\int_\alpha^\beta f[\varphi(t)]\varphi'(t)\mathrm{d}t&=[F(\varphi(t))]_\alpha^\beta\\&=F(b)-F(a),\end{aligned}$$

因此有

$$\int_a^b f(x)\mathrm{d}x=\int_\alpha^\beta f[\varphi(t)]\varphi'(t)\mathrm{d}t.$$

注：

(1) 在具体计算时，单调变换 $x=\varphi(t)$的选取是问题求解的关键.

(2) 当单调变换 $x=\varphi(t)$选定后，由单调性，令 $x=a$，从 $\varphi(t)=a$ 中解出相应地 $t=\alpha$；令$x=b$，从 $\varphi(t)=b$ 中解出相应地 $t=\beta$.

(3) 将原积分计算中，所有跟积分变量 x 有关的表达式均要替换为跟新的积分变量 t 有关的表达式.

例 5-18 计算 $\int_0^4 \frac{1}{1+\sqrt{x}}\mathrm{d}x$.

解：令 $1+\sqrt{x}=t$，则 $x=(t-1)^2$，$\mathrm{d}x=2(t-1)\mathrm{d}t$；当 $x=0$ 时，$t=1$，当 $x=4$ 时，$t=3$，所以

$$\int_0^4 \frac{1}{1+\sqrt{x}}dx = \int_1^3 \frac{2(t-1)}{t}dt = 2\int_1^3\left(1-\frac{1}{t}\right)dt$$
$$= 2\Big[t-\ln t\Big]_1^3$$
$$= 2[(3-\ln 3)-(1-\ln 1)]$$
$$= 2(2-\ln 3).$$

例 5-19 计算$\int_1^2 \frac{1}{(1+2x)^3}dx$.

解：令$1+2x=t$，则$x=\frac{t-1}{2}$，$dx=\frac{1}{2}dt$；当$x=1$时，$t=3$，当$x=2$时，$t=5$，所以

$$\int_1^2 \frac{1}{(1+2x)^3}dx = \int_3^5 \frac{1}{t^3}\cdot\frac{1}{2}dt$$
$$= \frac{1}{2}\left[-\frac{1}{2}t^{-2}\right]_3^5 = -\frac{1}{4}\times\left(\frac{1}{5^2}-\frac{1}{3^2}\right)$$
$$= \frac{4}{225}.$$

例 5-20 计算$\int_1^e \frac{1}{x\sqrt{1+\ln x}}dx$.

解：令$\sqrt{1+\ln x}=t$，则$\ln x=t^2-1$，$x=e^{t^2-1}$，$dx=e^{t^2-1}\cdot 2tdt$；当$x=1$时，$t=1$，当$x=e$时，$t=\sqrt{2}$，所以

$$\int_1^e \frac{1}{x\sqrt{1+\ln x}}dx = \int_1^{\sqrt{2}} \frac{1}{e^{t^2-1}\cdot t}\cdot e^{t^2-1}\cdot 2tdt$$
$$= \Big[2t\Big]_1^{\sqrt{2}} = 2(\sqrt{2}-1).$$

例 5-21 计算$\int_0^{\frac{\pi}{2}} \cos^2 x\sin x dx$.

解：

方法一：令$t=\cos x$，则$dt=-\sin x dx$；当$x=0$时，$t=1$，当$x=\frac{\pi}{2}$时，$t=0$，所以

$$\int_0^{\frac{\pi}{2}} \cos^2 x\sin x dx = \int_1^0 t^2(-dt)$$
$$= \left[-\frac{t^3}{3}\right]_1^0 = -\frac{1}{3}(0-1) = \frac{1}{3}.$$

方法二：由$\left(-\frac{\cos^3 x}{3}\right)'=\cos^2 x\sin x$，知$-\frac{\cos^3 x}{3}$为$\cos^2 x\sin x$的一个原函数，故

$$\int_0^{\frac{\pi}{2}}\cos^2 x\sin x\mathrm{d}x=\left[-\frac{\cos^3 x}{3}\right]_0^{\frac{\pi}{2}}=\frac{1}{3}$$

例 5-22 计算$\int_0^1 x^3\sqrt{1-x^2}\mathrm{d}x$.

解：令$x=\sin t$，则$\mathrm{d}x=\cos t\mathrm{d}t$；当$x=0$时，$t=0$，当$x=1$时，$t=\frac{\pi}{2}$，所以

$$\begin{aligned}\int_0^1 x^3\sqrt{1-x^2}\mathrm{d}x&=\int_0^{\frac{\pi}{2}}\sin^3 t\cdot\cos t\cdot\cos t\mathrm{d}t\\&=\int_0^{\frac{\pi}{2}}\sin^2 t\cdot\cos^2 t\sin t\mathrm{d}t\\&=-\int_0^{\frac{\pi}{2}}(1-\cos^2 t)\cdot\cos^2 t\mathrm{d}(\cos t)\\&=-\left[\frac{\cos^3 t}{3}-\frac{\cos^5 t}{5}\right]_0^{\frac{\pi}{2}}\\&=-\left[\left(\frac{0^3}{3}-\frac{0^5}{5}\right)-\left(\frac{1^3}{3}-\frac{1^5}{5}\right)\right]\\&=\frac{2}{15}.\end{aligned}$$

例 5-23 证明：

(1) 若$f(x)$在$[-a,a]$上连续且为偶函数，则

$$\int_{-a}^{a}f(x)\mathrm{d}x=2\int_0^a f(x)\mathrm{d}x.$$

(2) 若$f(x)$在$[-a,a]$上连续且为奇函数，则

$$\int_{-a}^{a}f(x)\mathrm{d}x=0.$$

证：因为

$$\int_{-a}^{a}f(x)\mathrm{d}x=\int_{-a}^{0}f(x)\mathrm{d}x+\int_0^a f(x)\mathrm{d}x,$$

对上述等式右边第一项$\int_{-a}^{0}f(x)\mathrm{d}x$，作变换$x=-t$，则

$$\int_{-a}^{0} f(x)\mathrm{d}x = \int_{a}^{0} f(-t)\mathrm{d}(-t) = \int_{0}^{a} f(-t)\mathrm{d}t = \int_{0}^{a} f(-x)\mathrm{d}x,$$

上式最后一个等号在于定积分与积分变量选取无关. 从而，我们有

$$\int_{-a}^{a} f(x)\mathrm{d}x = \int_{0}^{a} (f(x) + f(-x))\mathrm{d}x.$$

因此，

(1) 当 $f(x)$在$[-a, a]$上为偶函数时，即 $f(-x)=f(x)$，我们有

$$f(x)+f(-x)=2f(x),$$

此时

$$\int_{-a}^{a} f(x)\mathrm{d}x = \int_{0}^{a} (f(x) + f(-x))\mathrm{d}x = 2\int_{0}^{a} f(x)\mathrm{d}x.$$

(2) 当 $f(x)$在$[-a, a]$上为奇函数，即 $f(-x)=-f(x)$，我们有

$$f(x)+f(-x)=0,$$

此时

$$\int_{-a}^{a} f(x)\mathrm{d}x = \int_{0}^{a} (f(x) + f(-x))\mathrm{d}x = 0.$$

5.4.2 定积分的分部积分法

定理 6 设函数 $u(x)$，$v(x)$在$[a, b]$上的导函数都是连续的，则

$$\int_{a}^{b} u(x)v'(x)\mathrm{d}x = [u(x)v(x)]_{a}^{b} - \int_{a}^{b} u'(x)v(x)\mathrm{d}x.$$

证： 由 $u(x)$，$v(x)$在$[a, b]$上导函数连续，依两函数乘积的求导公式

$$[u(x)v(x)]' = u'(x)v(x) + u(x)v'(x),$$

即得

$$u(x)v'(x) = [u(x)v(x)]' - u'(x)v(x).$$

对上式两端以 x 为积分变量在区间$[a, b]$上取定积分，即得

$$\int_{a}^{b} u(x)v'(x)\mathrm{d}x = [u(x)v(x)]_{a}^{b} - \int_{a}^{b} u'(x)v(x)\mathrm{d}x.$$

这就是定积分的分部积分公式，也写为

$$\int_a^b u(x)\mathrm{d}[v(x)] = [u(x)v(x)]_a^b - \int_a^b v(x)\mathrm{d}[u(x)]. \quad (5\text{-}2)$$

例 5-24　计算$\int_1^{\mathrm{e}} \ln x\mathrm{d}x$.

解：令 $u(x)=\ln x$，$v(x)=x$，由分部积分公式，故

$$\begin{aligned}\int_1^{\mathrm{e}} \ln x\mathrm{d}x &= [x\ln x]_1^{\mathrm{e}} - \int_1^{\mathrm{e}} x\mathrm{d}(\ln x)\\ &= (\mathrm{e}\cdot\ln \mathrm{e} - 1\cdot\ln 1) - \int_1^{\mathrm{e}} x\cdot\frac{1}{x}\mathrm{d}x\\ &= \mathrm{e} - [x]_1^{\mathrm{e}} = \mathrm{e} - (\mathrm{e}-1)\\ &= 1.\end{aligned}$$

例 5-25　计算$\int_0^1 x\mathrm{e}^x\mathrm{d}x$.

解：令 $u(x)=x$，$v(x)=\mathrm{e}^x$，由分部积分公式，故

$$\begin{aligned}\int_0^1 x\mathrm{e}^x\mathrm{d}x &= \int_0^1 x\mathrm{d}(\mathrm{e}^x)\\ &= [x\mathrm{e}^x]_0^1 - \int_0^1 \mathrm{e}^x\mathrm{d}x = \mathrm{e} - [\mathrm{e}^x]_0^1\\ &= 1.\end{aligned}$$

例 5-26　计算$\int_0^1 x\cos x\mathrm{d}x$.

解：令 $u(x)=x$，$v(x)=\sin x$，由分部积分公式，故

$$\begin{aligned}\int_0^1 x\cos x\mathrm{d}x &= \int_0^1 x\mathrm{d}(\sin x)\\ &= [x\sin x]_0^1 - \int_0^1 \sin x\mathrm{d}x\\ &= \sin 1 - [-\cos x]_0^1\\ &= \sin 1 + \cos 1 - 1.\end{aligned}$$

例 5-27　计算$\int_1^4 \frac{\ln x}{\sqrt{x}}\mathrm{d}x$.

解：令 $u(x)=\ln x$，$v(x)=2\sqrt{x}$，由分部积分公式，故

$$\int_1^4 \frac{\ln x}{\sqrt{x}}\mathrm{d}x = \int_1^4 \ln x\mathrm{d}(2\sqrt{x})$$

$$=\left[2\sqrt{x}\ln x\right]_1^4-\int_1^4 2\sqrt{x}\,\mathrm{d}(\ln x)$$

$$=4\ln 4-\int_1^4 \frac{2}{\sqrt{x}}\mathrm{d}x=4\ln 4-\left[4\sqrt{x}\right]_1^4$$

$$=4\ln 4-4.$$

习题 5-4

1. 计算下列定积分：

(1) $\int_0^2 (1-x)^4\mathrm{d}x$；　　(2) $\int_0^3 \frac{x}{\sqrt{x+1}}\mathrm{d}x$；

(3) $\int_1^2 2x\mathrm{e}^{-x^2}\mathrm{d}x$；　　(4) $\int_0^1 \frac{\mathrm{e}^x}{1+\mathrm{e}^x}\mathrm{d}x$；

(5) $\int_0^{\pi} \cos^2 x\mathrm{d}x$；　　(6) $\int_0^{\frac{\pi}{2}} \sin x\sin 2x\mathrm{d}x$；

(7) $\int_0^{\frac{\pi}{2}} \frac{\sin x}{1+\cos x^2}\mathrm{d}x$；　　(8) $\int_{\frac{1}{2}}^{\frac{\sqrt{3}}{2}} \frac{1}{x^2\sqrt{1-x^2}}\mathrm{d}x$.

2. 计算下列定积分：

(1) $\int_0^{\frac{1}{2}} \arcsin x\mathrm{d}x$；　　(2) $\int_0^1 x\sin x\mathrm{d}x$；

(3) $\int_1^{\mathrm{e}} \frac{\ln x}{x^2}\mathrm{d}x$；　　(4) $\int_0^1 2x\arctan x\mathrm{d}x$；

(5) $\int_{\frac{\pi}{4}}^{\frac{\pi}{3}} \frac{x}{\cos^2 x}\mathrm{d}x$；　　(6) $\int_{\frac{1}{\mathrm{e}}}^{\mathrm{e}} |\ln x|\mathrm{d}x$；

(7) $\int_0^1 x\mathrm{e}^{2x}\mathrm{d}x$；　　(8) $\int_0^4 \mathrm{e}^{\sqrt{x}}\mathrm{d}x$；

(9) $\int_0^{\frac{\pi}{2}} \mathrm{e}^x\cos x\mathrm{d}x$.

5.5　定积分的元素法及其应用

基于 5.1 节定积分概念启发，本节介绍元素法思想，并运用元素法将所求量表达成定积分，然后应用到几何问题中. 此分析方法也可应用于处理物理、经济等方面的问题.

5.5.1　定积分的元素法

1. **元素法思想**

如果某一实际问题中的所求量 U 符合下述条件：

(1) U 是与一个变量 x 的变化区间 $[a, b]$ 有关的量；

(2) U 关于区间 $[a, b]$ 具有可加性(即将区间分为若干小区间，则 U 可相应分解为若干部分的和)；

(3) 部分量 ΔU 的近似值可表示为 $f(x)\Delta x$.

则可以考虑用定积分求 U.

2. **元素法步骤**

(1) 根据问题的具体情况，选取一个变量(如 x)为积分变量，并确定它的变化区间 $[a, b]$；

(2) 设想把区间 $[a, b]$ 分成 n 个小区间，取其中任一小区间并记作 $[x, x+\Delta x]$，求出相应于这个小区间的部分量 ΔU 的近似值. 若 ΔU 能近似地表示为 $[a, b]$ 上的一个连续函数在 x 处的值 $f(x)$ 与 Δx 的乘积(这里要求 $\Delta U - f(x)\Delta x = o(\Delta x)$，即 $\lim\limits_{\Delta x\to 0}\frac{\Delta U - f(x)\Delta x}{\Delta x}=0$)，则称 $f(x)\Delta x$ 为量 U 的元素，并记作 $\mathrm{d}U$，即

$$\mathrm{d}U = f(x)\mathrm{d}x;$$

(3) 以所求量 U 的元素 $f(x)\mathrm{d}x$ 为被积表达式，在区间 $[a, b]$ 上作定积分，得

$$U = \int_a^b f(x)\mathrm{d}x.$$

5.5.2　定积分的几何应用

求由直线 $x=a$、直线 $x=b(a<b)$、连续曲线 $y=\varphi_1(x)$ 和连续曲线 $y=\varphi_2(x)$ $(\varphi_1(x)\leqslant\varphi_2(x))$ 所围成的平面图形的面积 A.

如图 5-3 所示，在 $[a, b]$ 上任意截取位于 $[x, x+\mathrm{d}x]$ 小区间上的部分图形. 由于连续函数在小区间上函数值变动不大，用长

为 $\varphi_2(x)-\varphi_1(x)$，宽为 $\mathrm{d}x$ 的长方形面积近似计算其面积，即

$$\mathrm{d}A=[\varphi_2(x)-\varphi_1(x)]\mathrm{d}x,$$

在$[a,b]$上积分上式，得

$$A=\int_a^b[\varphi_2(x)-\varphi_1(x)]\mathrm{d}x. \tag{5-3}$$

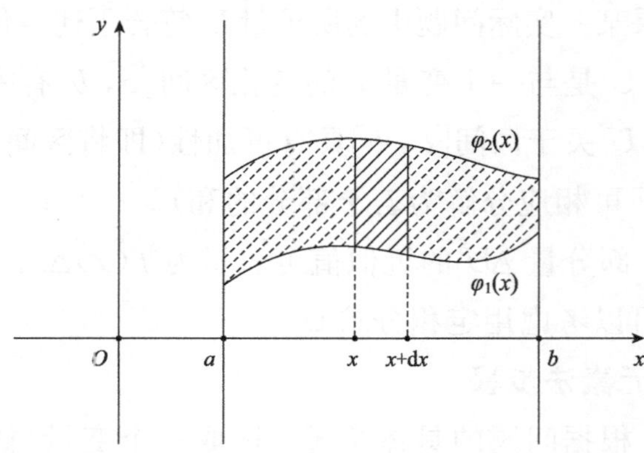

图 5-3

一般地，如果在$[a,b]$上不限定函数 $\varphi_1(x)$和 $\varphi_2(x)$的大小，由直线 $x=a$、直线 $x=b(a<b)$、连续曲线 $y=\varphi_1(x)$和连续曲线 $y=\varphi_2(x)$所围成的平面图形的面积

$$A=\int_a^b|\varphi_2(x)-\varphi_1(x)|\mathrm{d}x. \tag{5-4}$$

同理，由直线 $y=c$、直线 $y=d(c<d)$、连续曲线 $x=\psi_1(y)$和连续曲线 $x=\psi_2(y)$所围成的平面图形的面积

$$A=\int_c^d|\psi_2(y)-\psi_1(y)|\mathrm{d}y. \tag{5-5}$$

例 5-28 求直线 $x=1$、直线 $x=2$、曲线 $y=x$ 和 $y=x^2$ 所围成的平面图形的面积 A.

解： 由于在区间$[1,2]$上，$x\leqslant x^2$，由公式(5-3)，所求面积

$$A=\int_1^2(x^2-x)\mathrm{d}x=\left[\frac{x^3}{3}-\frac{x^2}{2}\right]_1^2$$

$$=\frac{5}{6}.$$

例 5-29 求曲线 $y=x^3-x^2-2x$ 与 x 轴所围成平面图形的面积 A.

解：由 $x^3-x^2-2x=0$ 解得曲线与 x 轴交点为 $x=-1, 0, 2$. 由公式(5-4)，所求面积

$$\begin{aligned}A &= \int_{-1}^{2}|x^3-x^2-2x|\,\mathrm{d}x \\ &= \int_{-1}^{0}(x^3-x^2-2x)\,\mathrm{d}x-\int_{0}^{2}(x^3-x^2-2x)\,\mathrm{d}x \\ &= \left[\frac{x^4}{4}-\frac{x^3}{3}-x^2\right]_{-1}^{0}-\left[\frac{x^4}{4}-\frac{x^3}{3}-x^2\right]_{0}^{2}=\frac{5}{12}+\frac{8}{3} \\ &= \frac{37}{12}.\end{aligned}$$

求由直线 $x=a$、直线 $x=b(a<b)$、x 轴和连续曲线 $y=f(x)$ 所围成的平面图形绕 x 轴旋转一周所成旋转体的体积 V_x.

如图 5-4 所示，在 $[a, b]$ 上任意截取位于 $[x, x+\mathrm{d}x]$ 小区间上的部分图形. 由于连续函数在小区间上函数值变动不大，我们用长为 $|f(x)|$，宽为 $\mathrm{d}x$ 的长方形绕 x 轴旋转一周所成旋转体，即底面半径为 $|f(x)|$，高为 $\mathrm{d}x$ 的圆柱体来近似此部分图形绕 x 轴旋转一周所成旋转体的体积，即

$$\mathrm{d}V_x=\pi f^2(x)\,\mathrm{d}x,$$

在 $[a, b]$ 上积分上式，得

$$V_x=\int_a^b \pi f^2(x)\,\mathrm{d}x. \tag{5-6}$$

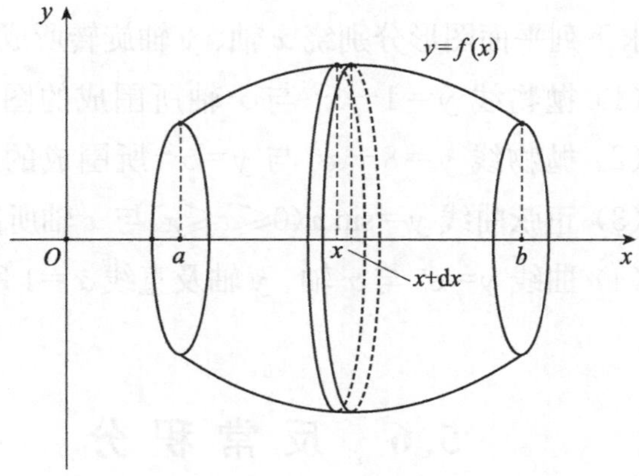

图 5-4

同理，由直线 $y=c$，直线 $y=d(c<d)$，y 轴和连续曲线 $x=g(y)$ 所围成的平面图形绕 y 轴旋转一周所成旋转体的体积

V_y 为

$$V_y = \int_c^d \pi g^2(y)\mathrm{d}y. \tag{5-7}$$

例 5-30 求由曲线 $y=x^2$，x 轴和直线 $x=2$ 所围成的平面图形分别绕 x 轴和 y 轴旋转一周所成旋转体的体积 V_x 和 V_y.

解：依题意，在公式(5-6)，$a=0$，$b=2$，$f(x)=x^2$，故

$$V_x = \int_0^2 \pi(x^2)^2\mathrm{d}x = \left[\pi \cdot \frac{x^5}{5}\right]_0^2 = \frac{32\pi}{5}.$$

在公式(5-7)中，$c=0$，$d=4$，$g^2(y)=\pi \cdot 2^2-\pi(\sqrt{y})^2$，故

$$V_y = \int_0^4 \left[\pi \cdot 2^2 - \pi(\sqrt{y})^2\right]\mathrm{d}y = \pi\left[4y-\frac{y^2}{2}\right]_0^4 = 8\pi.$$

习题 5-5

1. 求下列各题中平面图形的面积：
   (1) 抛物线 $y=4-x^2$ 与 x 轴所围成的图形；
   (2) 抛物线 $y=1-x^2$ 与 $y=x^2$ 所围成的图形；
   (3) 抛物线 $x=y^2$ 与直线 $x+y=2$ 所围成的图形；
   (4) 曲线 $y=\dfrac{1}{x}$ 与直线 $y=x$，$x=4$ 所围成的图形.
2. 求下列平面图形分别绕 x 轴、y 轴旋转所成旋转体的体积：
   (1) 抛物线 $y=1-x^2$ 与 x 轴所围成的图形；
   (2) 抛物线 $y=8-x^2$ 与 $y=x^2$ 所围成的图形；
   (3) 正弦曲线 $y=\sin x(0\leqslant x\leqslant\pi)$ 与 x 轴所围成的图形；
   (4) 曲线 $y=\mathrm{e}^x$ 与 x 轴、y 轴及直线 $x=1$ 所围成的图形.

5.6 反常积分

前面我们在闭区间上讨论有界函数的定积分，本节将利用“定积分＋取极限”的方式，分别考察无限区间上的积分和无界函数的积分，这两类积分叫作**反常积分**（**或广义积分**）.

5.6.1 无穷限的反常积分

定义 1 设函数 $f(x)$ 在无穷限区间 $[a, +\infty)$ 上有定义，且对任意 $M > a$，$f(x)$ 在 $[a, M]$ 上可积. 若

$$\lim_{M\to+\infty}\int_a^M f(x)\mathrm{d}x \text{ 存在},$$

则称函数 $f(x)$ 在无穷限区间 $[a, +\infty)$ 上反常积分存在，并记

$$\int_a^{+\infty} f(x)\mathrm{d}x = \lim_{M\to+\infty}\int_a^M f(x)\mathrm{d}x, \tag{5-8}$$

此时也称反常积分 $\int_a^{+\infty} f(x)\mathrm{d}x$ **收敛**. 反之，如果式(5-8)右边极限不存在，就称反常积分 $\int_a^{+\infty} f(x)\mathrm{d}x$ **发散**.

类似地，可定义

$$\int_{-\infty}^a f(x)\mathrm{d}x = \lim_{N\to-\infty}\int_N^a f(x)\mathrm{d}x. \tag{5-9}$$

一般地，若函数 $f(x)$ 在 $(-\infty, +\infty)$ 上有定义，且对任意 $a\in(-\infty, +\infty)$，有

$$\int_{-\infty}^a f(x)\mathrm{d}x \text{ 和 } \int_a^{+\infty} f(x)\mathrm{d}x$$

均收敛，则我们称 $f(x)$ 在 $(-\infty, +\infty)$ 上反常积分存在（或收敛），并记

$$\int_{-\infty}^{+\infty} f(x)\mathrm{d}x = \int_{-\infty}^a f(x)\mathrm{d}x + \int_a^{+\infty} f(x)\mathrm{d}x. \tag{5-10}$$

例 5-31 计算 $\int_1^{+\infty} \mathrm{e}^{-x}\mathrm{d}x$.

解：

$$\begin{aligned}\int_1^{+\infty} \mathrm{e}^{-x}\mathrm{d}x &= \lim_{M\to+\infty}\int_1^M \mathrm{e}^{-x}\mathrm{d}x \\ &= \lim_{M\to+\infty}\left[-\mathrm{e}^{-x}\right]_1^M \\ &= \mathrm{e}^{-1}.\end{aligned}$$

为书写简便，在实际计算中，若 $F(x)$ 为函数 $f(x)$ 在无穷限区间 $[a, +\infty)$ 上的一个原函数(即 $F'(x)=f(x)$)，记

$$F(+\infty) = \lim_{M\to+\infty} F(x),$$

则当 $F(+\infty)$存在时，我们采用如下写法

$$\int_a^{+\infty} f(x)\mathrm{d}x = \left[F(x)\right]_a^{+\infty} = F(+\infty) - F(a).$$

例 5-32 计算$\int_2^{+\infty} \frac{1}{x^2}\mathrm{d}x$.

解：显然，$-\frac{1}{x}$为$\frac{1}{x^2}$的原函数，故有

$$\int_2^{+\infty} \frac{1}{x^2}\mathrm{d}x = \left[-\frac{1}{x}\right]_2^{+\infty} = \frac{1}{2}.$$

5.6.2 无界函数的反常积分

定义 2 设函数 $f(x)$在区间$(a, b]$上有定义且$\lim\limits_{M\to a^+} f(x)=\infty$，又对任意 $M\in(a, b]$，$f(x)$在$[M, b]$上可积. 若

$$\lim_{M\to a^+}\int_M^b f(x)\mathrm{d}x \text{ 存在，}$$

则称无界函数 $f(x)$在区间$(a, b]$上反常积分存在，并记

$$\int_a^b f(x)\mathrm{d}x = \lim_{M\to a^+}\int_M^b f(x)\mathrm{d}x, \tag{5-11}$$

此时也称反常积分$\int_a^b f(x)\mathrm{d}x$**收敛**. 反之，如果式(5-11)右边极限不存在，就称反常积分$\int_a^b f(x)\mathrm{d}x$ **发散**.

类似地，可定义

$$\int_a^b f(x)\mathrm{d}x = \lim_{N\to b^-}\int_a^N f(x)\mathrm{d}x. \tag{5-12}$$

一般地，若函数 $f(x)$在$[a, c)\cup(c, b]$上有定义，$\lim\limits_{x\to c} f(x)=\infty$，且反常积分

$$\int_a^c f(x)\mathrm{d}x \text{ 和} \int_c^b f(x)\mathrm{d}x$$

均收敛，则我们称 $f(x)$在$[a, b]$上反常积分存在(或收敛)，并记

$$\int_a^b f(x)\mathrm{d}x = \int_a^c f(x)\mathrm{d}x + \int_c^b f(x)\mathrm{d}x. \tag{5-13}$$

例 5-33 计算$\int_0^1 \frac{1}{\sqrt{x}}\mathrm{d}x$.

解：当 $x \to 0^+$ 时，$\dfrac{1}{\sqrt{x}} \to +\infty$，此为无界函数反常积分. 按定义有

$$\int_0^1 \frac{1}{\sqrt{x}} \mathrm{d}x = \lim_{M\to 0^+}\int_M^1 \frac{1}{\sqrt{x}} \mathrm{d}x = \lim_{M\to 0^+}\left[2\sqrt{x}\right]_M^1 = 2.$$

例 5-34　计算 $\int_0^1 \ln x \mathrm{d}x$.

解：当 $x \to 0^+$ 时，$\ln x \to -\infty$，此为无界函数反常积分. 按定义有

$$\begin{aligned}\int_0^1 \ln x \mathrm{d}x &= \lim_{M\to 0^+}\int_M^1 \ln x \mathrm{d}x \\ &= \lim_{M\to 0^+}\left[x\ln x - x\right]_M^1 \\ &= \lim_{M\to 0^+}\left[(\ln 1 - 1) - (M\ln M - M)\right] \\ &= -1.\end{aligned}$$

习题 5-6

1. 判定下列各反常积分的收敛性，如果收敛，计算反常积分的值：

(1) $\int_1^{+\infty} \frac{1}{x^3} \mathrm{d}x$；　　(2) $\int_1^{+\infty} \frac{1}{\sqrt{x}} \mathrm{d}x$；

(3) $\int_{-\infty}^3 \mathrm{e}^{2x} \mathrm{d}x$；　　(4) $\int_1^{+\infty} \frac{1}{1+x^2} \mathrm{d}x$；

(5) $\int_0^1 \frac{2x}{\sqrt{1-x^2}} \mathrm{d}x$；　　(6) $\int_{-1}^1 \frac{1}{\sqrt{1-x^2}} \mathrm{d}x$；

(7) $\int_0^1 \frac{1}{1-x^2} \mathrm{d}x$；　　(8) $\int_0^1 \frac{1}{x\ln x} \mathrm{d}x$.

第 6 章　微分方程简介

在日常生活和科学研究中，人们往往需要寻求变量间的函数关系. 有时这种函数关系不容易直接建立，但经过适当简化、分析处理后，可以得到含有自变量、未知函数及未知函数的导数或微分的关系式，这种关系式就是所谓的**微分方程**. 得到微分方程后，用一定的方法找到满足方程的未知函数，这一过程叫作**解微分方程**. 本章主要介绍常微分方程的一些基本概念和几种简单常微分方程的求解.

6.1　微分方程基本概念

下面我们给出一个实例来说明微分方程的建立、微分方程的基本概念及求解过程.

例 6-1　求过点(1，1)且切线斜率为 $2x$ 的曲线方程.

解：设满足条件的曲线方程为 $y=f(x)$. 由导数几何意义，依题意，我们有

$$f'(x)=2x$$

且 $f(1)=1$. 显然，满足条件的函数形式为 $f(x)=x^2+C$，代入 $f(1)=1$，得到 $C=0$. 因此，满足题意的曲线方程为 $y=f(x)=x^2$.

定义 1　含有自变量、未知函数及未知函数的导数或微分的等式，称为**微分方程**. 例如，以下方程都是微分方程：

$$y'=2xy\text{（}x\text{ 为自变量，}y\text{ 是未知函数）}\tag{6-1}$$

$$y''-2y'=0\text{（}y\text{ 是未知函数，但自变量没有明确指明）}\tag{6-2}$$

$y\mathrm{d}x - x\mathrm{d}y = 0$（$x$ 与 y 中可任选一个为自变量，另一个即为未知函数） (6-3)

$$\frac{\partial z}{\partial x}+\frac{\partial z}{\partial y}=0 \text{（}z\text{ 是未知函数，}x,\ y\text{ 为自变量）} \tag{6-4}$$

$$\frac{\partial^2 u}{\partial x^2}+\frac{\partial^2 u}{\partial y^2}+\frac{\partial^2 u}{\partial z^2}=0 \text{（}u\text{ 是未知函数，}x,\ y,\ z\text{ 为自变量）} \tag{6-5}$$

微分方程中出现的未知函数的各阶导数或微分的最高阶数，称为微分方程的**阶**. 未知函数为一元函数的微分方程，称为**常微分方程**. 未知函数是多元函数的微分方程，称为**偏微分方程**. 定义 1 中的方程(6-1)、(6-3)均是一阶常微分方程，方程(6-2)是二阶常微分方程，方程(6-4)是一阶偏微分方程，方程(6-5)是二阶偏微分方程. 其中，方程(6-4)、(6-5)中出现的符号为求偏导，我们将在 7.3 节介绍，本章只讨论常微分方程.

定义 2　满足微分方程的函数，称为微分方程的**解**. 若微分方程的解中所含有的相互独立的任意常数(即它们不能通过合并而使得任意常数个数减少)的个数等于微分方程的阶数，则称此解为微分方程的**通解**. 当通解中任意常数确定后，得到的解称为微分方程的**特解**.

例如，在例 6-1 中，函数 $y=x^2+C$ 为微分方程 $y'=2x$ 的通解，而函数 $y=x^2$，$y=x^2+4$ 均为方程 $y'=2x$ 的特解. 又，函数 $y=C_1+C_2\mathrm{e}^{2x}$ 为微分方程 $y''-2y'=0$ 的通解，而函数 $y=1+C_2\mathrm{e}^{2x}$ 是微分方程 $y''-2y'=0$ 的解，但不是通解.

例 6-2　验证函数 $y=\sin 2x$ 是微分方程 $y''+4y=0$ 的解.

解： 将 $y=\sin 2x$，$y'=2\cos 2x$，$y''=-4\sin 2x$ 代入微分方程左边，得 $y''+4y=0$，因此 $y=\sin 2x$ 是微分方程 $y''+4y=0$ 的解.

习题 6-1

1. 指出下列微分方程阶数：

(1) $y''-xy'-2=0$；　　(2) $y'^2+y'-x=0$；

(3) $x\mathrm{d}y-y\mathrm{d}x=0$； (4) $y^{(3)}+y'^{4}-2x=0$.

2. 验证下列各题中给定函数为对应微分方程的解：

(1) $y'-y=0$， $y=C\mathrm{e}^{x}$；

(2) $y''-y'-2=0$，$y=C_1\mathrm{e}^{-x}+C_2\mathrm{e}^{2x}$；

(3) $y''+4y=0$， $y=C_1\cos 2x+C_2\sin 2x$；

(4) $x^2y''-6y=0$， $y=x^3$.

6.2 一阶微分方程

一阶微分方程的隐式表达式为

$$F(x, y, y')=0, \tag{6-6}$$

而若能将 y' 从式(6-6)解出，则得到一阶微分方程的显式表达式

$$y'=f(x, y). \tag{6-7}$$

本节将针对式(6-7)右端 $f(x, y)$ 取特殊形式，给出几种特殊类型的一阶微分方程及其解法. 为公式推导及叙述方便，若无特殊说明，本章剩余章节中出现的 $\int f(x)\mathrm{d}x$ 均仅代表被积函数 $f(x)$ 的一个原函数，C 表示任意常数.

6.2.1 直接可积分方程

当式(6-7)右端二元函数 $f(x, y)$ 与未知函数 y 无关时，即式(6-7)退化为

$$y'=f(x), \tag{6-8}$$

其中 $f(x)$ 是连续函数. 我们称式 (6-8) 为**直接可积分方程**. 此时由不定积分概念，式(6-8)的求解相当于在求函数 $f(x)$ 的不定积分，即式(6-8)的通解为

$$y=\int f(x)\mathrm{d}x+C. \tag{6-9}$$

例 6-3 求微分方程 $y'=\sin x+2x$ 的通解.

解： 此为直接可积分方程，由公式(6-9)，可得方程通解为

$$y=\int(\sin x+2x)\mathrm{d}x+C=-\cos x+x^2+C.$$

6.2.2 变量可分离方程

当式(6-7)右端二元函数 $f(x, y)=M(x)N(y)$，此时式(6-7)形如

$$y'=M(x)N(y), \tag{6-10}$$

其中 $M(x)$，$N(y)$均是连续函数. 我们称式(6-10)为**变量可分离方程**. 由 3.4 节中介绍的函数可微的概念，将函数的导数称为微商，化式(6-10)为

$$\frac{\mathrm{d}y}{\mathrm{d}x}=M(x)N(y),$$

当 $N(y)\neq 0$ 时，进而将上式变量分离，写成

$$\frac{\mathrm{d}y}{N(y)}=M(x)\mathrm{d}x. \tag{6-11}$$

由于 $M(x)$，$N(y)$均是连续函数，式(6-11)两端积分，得到

$$\int\frac{\mathrm{d}y}{N(y)}=\int M(x)\mathrm{d}x+C.$$

记 $G(y)$与 $F(x)$分别是$\dfrac{1}{N(y)}$和 $M(x)$的原函数，于是有

$$G(y)=F(x)+C. \tag{6-12}$$

这样，我们得到一个联系自变量 x、未知函数 y 和任意常数 C 的恒等式(6-12)，我们称式(6-12)为微分方程(6-10)的**隐式通解或通积分**.

例 6-4 求微分方程$\dfrac{\mathrm{d}y}{\mathrm{d}x}=x\mathrm{e}^{-y}$的通解.

解：此为变量可分离方程，其中 $M(x)=x$，$N(y)=\mathrm{e}^{-y}$. 变量分离后得

$$\mathrm{e}^{y}\mathrm{d}y=x\mathrm{d}x,$$

两端积分，即

$$\int\mathrm{e}^{y}\,\mathrm{d}y=\int x\mathrm{d}x+C,$$

进而

$$e^y=\frac{x^2}{2}+C.$$

由上式可进一步求得方程通解为

$$y=\ln\left(\frac{x^2}{2}+C\right).$$

例 6-5 求微分方程

$$\frac{dy}{dx}=f\left(\frac{y}{x}\right) \tag{6-13}$$

的通解，其中函数 f 连续.

解： 令 $u=\frac{y}{x}$，则 $y=xu$，$\frac{dy}{dx}=u+x\frac{du}{dx}$，化原方程为

$$u+x\frac{du}{dx}=f(u),$$

即

$$x\frac{du}{dx}=f(u)-u.$$

此为变量可分离方程，变量分离后积分得

$$\int\frac{du}{f(u)-u}=\int\frac{1}{x}\,dx+C.$$

记 $G(u)$ 为 $\frac{1}{f(u)-u}$ 的一个原函数，则可得隐式通解为

$$G(u)=\ln|x|+C.$$

代入 $u=\frac{y}{x}$，得到原方程隐式通解为

$$G\left(\frac{y}{x}\right)=\ln|x|+C.$$

通常，微分方程(6-13)也称为**齐次微分方程**.

6.2.3 一阶线性微分方程

当式(6-7)右端二元函数 $f(x,y)=P(x)y+Q(x)$，此时式(6-7)形如

$$y'=P(x)y+Q(x), \tag{6-14}$$

其中 $P(x)$，$Q(x)$ 均是连续函数. 我们称式(6-14)为**一阶线性微分方程**. 由常数变易法，这里我们不加证明地给出式(6-14)

的通解为

$$y = Ce^{\int P(x)dx} + e^{\int P(x)dx}\int Q(x)\ e^{-\int P(x)dx}dx. \qquad (6\text{-}15)$$

例 6-6 求微分方程 $y'=2xy+e^{x^2}$ 的通解.

解：此为一阶微分方程，其中 $P(x)=2x$，$Q(x)=e^{x^2}$，由公式(6-15)，得方程通解为

$$y = Ce^{\int 2x dx} + e^{\int 2x dx}\int e^{x^2}\cdot e^{-\int 2x dx}dx = Ce^{x^2} + xe^{x^2}.$$

习题 6-2

1. 求下列微分方程的通解：

(1) $y'=\cos x-x^2$； (2) $y'=\sqrt{1-2x}$；

(3) $y'=e^{x-y}$； (4) $y'=y\sqrt{1-x^2}$；

(5) $y^2y'=x^2$；

(6) $\cos x\sin y dx-\sin x\cos y dy=0$.

2. 求下列齐次微分方程的通解：

(1) $y'=\dfrac{y}{x}\ln\dfrac{y}{x}$； (2) $y'=\dfrac{y}{x}-\left(\dfrac{y}{x}\right)^2$；

(3) $y'=\dfrac{y}{x}+e^{\frac{y}{x}}$； (4) $y'=\dfrac{y}{x}+\tan\dfrac{y}{x}$；

(5) $(x^2+y^2)y'=2xy$； (6) $y^2+x^2\dfrac{dy}{dx}=xy\dfrac{dy}{dx}$.

3. 求下列一阶线性微分方程的通解：

(1) $y'=-y+e^{-x}$； (2) $y'=\dfrac{1}{x}y+x^2$；

(3) $y'+3y=2$； (4) $xy'+y=xe^x$；

(5) $y'+2xy=4x$； (6) $y'+\dfrac{y}{x}=\dfrac{\sin x}{x}$.

4. 求下列微分方程满足所给条件的特解：

(1) $y'=xy$，$y(0)=2$； (2) $y'=y(y-1)$，$y(0)=1$；

(3) $y'=\dfrac{y}{x}+\dfrac{x}{y}$，$y(1)=2$； (4) $y'=\dfrac{3x^2+y^2}{2xy}$，$y(1)=1$；

(5) $y'-y\tan x=\sec x$，$y(0)=0$；

(6) $xy'+y=3$，$y(1)=0$.

5. 求一曲线方程，这一曲线过原点，并且它在点(x, y)处的斜率等于$x+y$.

6. 求一曲线方程，这一曲线过点(1, 2)，并且其上任一点处的切线在纵轴上的截距等于切点的横坐标.

6.3 几种常见二阶微分方程

二阶微分方程的隐式表达式为

$$F(x, y, y', y'')=0, \tag{6-16}$$

同理，而若能将y''从式(6-16)解出，则得到二阶微分方程的显式表达式

$$y''=f(x, y, y'). \tag{6-17}$$

本节针对式(6-17)中右端函数$f(x, y, y')$取不同形式，将给出几种特殊类型的二阶微分方程并讨论其相应解法.

6.3.1 直接可积分方程

当式(6-17)右端函数$f(x, y, y')$不含y与y'时，即式(6-17)退化为

$$y''=f(x), \tag{6-18}$$

其中$f(x)$是连续函数. 我们称式(6-18)为**直接可积分方程**. 对式(6-18)两端取一次不定积分，得

$$y'=\int f(x)\mathrm{d}x+C_1,$$

再对上式两端取一次不定积分，得微分方程(6-18)的通解为

$$y=\int\left[\int f(x)\mathrm{d}x\right]\mathrm{d}x+C_1x+C_2. \tag{6-19}$$

例 6-7 求微分方程$y''=x^2$的通解.

解：此为直接可积分方程. 方程两端先去一次不定积分，得

$$y'=\int x^2\mathrm{d}x+C_1=\frac{x^3}{3}+C_1,$$

对上式两端再取一次不定积分，即得原方程通解为

$$y=\int\left(\frac{x^3}{3}+C_1\right)\mathrm{d}x+C_2=\frac{x^4}{12}+C_1x+C_2.$$

6.3.2 $y''=f(x, y')$ 型微分方程

当式(6-17)右端函数 $f(x, y, y')$ 不含 y 时，即式(6-17)退化为

$$y''=f(x, y'), \tag{6-20}$$

令 $y'=z$，则 $y''=z'$，化方程(6-20)为

$$z'=f(x, z),$$

这是一个关于自变量 x 和未知函数 z 的一阶微分方程. 如果能求出它的通解为

$$z=g(x, C_1),$$

由 $y'=z$，我们又得到一个一阶微分方程

$$y'=g(x, C_1),$$

上式两端积分，即得微分方程(6-20)的通解为

$$y=\int g(x, C_1)\,\mathrm{d}x+C_2. \tag{6-21}$$

例 6-8 求微分方程 $y''=y'^2+1$ 的通解.

解： 令 $y'=z$，则 $y''=z'$，化原方程为

$$z'=z^2+1,$$

此为一阶变量可分离方程，变量分离后得

$$\frac{\mathrm{d}z}{z^2+1}=\mathrm{d}x,$$

对上式两端积分，得

$$\arctan z=x+C_1,$$

从而

$$z=\tan(x+C_1),$$

由 $y'=z$，此即

$$y'=\tan(x+C_1),$$

上式两端积分，得原方程通解为

$$y=\int\tan(x+C_1)\mathrm{d}x+C_2=-\ln|\cos(x+C_1)|+C_2.$$

6.3.3 二阶常系数线性齐次微分方程

当式(6-17)右端函数 $f(x, y, y')=py'+qy$ 时，即式(6-17)转化为

$$y''=py'+qy, \tag{6-22}$$

其中 p，q 为实常数. 我们称式(6-22)为**二阶常系数线性齐次微分方程**，称一元二次方程

$$r^2=pr+q \tag{6-23}$$

为与微分方程(6-22)对应的**特征方程**，其根称为**特征根**. 按照表 6-1，我们不加证明地给出微分方程(6-22)的通解.

表 6-1

r_1，r_2 的形式(r_1，r_2 为特征方程(6-23)的两个根)	微分方程(6-22) 的通解形式
两个不等实根 $r_1\neq r_2(\Delta=p^2+4q>0)$	$y=C_1e^{r_1x}+C_2e^{r_2x}$
两个相等实根 $r_1=r_2(\Delta=p^2+4q=0)$	$y=(C_1+C_2x)e^{r_1x}$
一对共轭复数根$(\Delta=p^2+4q<0)$ $r_1=\alpha+i\beta$，$r_2=\alpha-i\beta$， $\alpha=\frac{p}{2}$，$\beta=\frac{\sqrt{-p^2-4q}}{2}$	$y=e^{\alpha x}(C_1\cos\beta x+C_2\sin\beta x)$

利用表 6-1 中公式，我们来求解下列微分方程.

例 6-9 求微分方程 $y''=2y'+3y$ 的通解.

解：与所给微分方程对应的特征方程为

$$r^2=2r+3,$$

由求根公式，易求得 $r_1=-1$，$r_2=3$ 为其两个不等实根. 因此所求通解为

$$y=C_1e^{-x}+C_2e^{3x}.$$

例 6-10 求微分方程 $y''=2y'-y$ 满足条件 $y(0)=1$，$y'(0)=3$ 的特解.

解：与所给微分方程对应的特征方程为

$$r^2=2r-1,$$

由求根公式，易求得特征方程有相等实根 $r_1=r_2=1$. 因此微分方程通解为

$$y=(C_1+C_2x)e^x,$$

将条件 $y(0)=1$ 代入，得 $C_1=1$，从而有

$$y=(1+C_2x)e^x,$$

上式对 x 求导，得

$$y'=C_2e^x+(1+C_2x)e^x,$$

再代入条件 $y'(0)=3$，得 $C_2=2$，于是所求特解为

$$y=(1+2x)e^x.$$

例 6-11　求微分方程 $y''=-2y'-3y$ 的通解.

解：与所给微分方程对应的特征方程为

$$r^2=-2r-3,$$

由求根公式，易求得 $r_1=-1-\sqrt{2}$，$r_2=-1+\sqrt{2}$为其两个复数根. 因此所求通解为

$$y=e^{-x}(C_1\cos\sqrt{2}x+C_2\sin\sqrt{2}x).$$

习题 6-3

1. 求下列二阶微分方程通解或在给定条件下的特解：

(1) $y''=x$；

(2) $y''=e^{3x}$；

(3) $y''=\cos 2x$，$y(0)=1$，$y'(0)=1$；

(4) $y''=y'$，$y(0)=1$，$y'(0)=1$；

(5) $y''-y'=e^x$；

(6) $y''=\dfrac{y'}{x}+xe^x$.

2. 求下列二阶微分方程的通解：

(1) $y''-3y'-4y=0$；　(2) $y''-6y'+8y=0$；

(3) $y''-2y'+y=0$；　(4) $y''=y'+6y$；

(5) $y''+2y'+2y=0$；　(6) $y''+4y'+5y=0$.

第 7 章　多元函数微分学

前面章节中我们研究了一元函数及其微积分，但在实际生活中，往往涉及多个因素间关系. 这在数学上表现为一个变量依赖多个变量的情形，从而导出多元函数的概念及其微积分的问题. 本章在一元函数的基础上，讨论多元函数(以二元为主)的微分及其应用.

7.1　空间曲面及其方程

本节从空间直角坐标系出发，介绍空间曲面方程，并给出几个常见曲面方程及其图形，为后面二元函数的引入提供直观的几何意义.

7.1.1　空间直角坐标系

为确定空间中的点的位置，我们先建立空间直角坐标系.

在空间中取定一点 O，以 O 为原点作三条相互垂直且长度单位相同的数轴，分别叫作 x 轴(横轴)、y 轴(纵轴)和 z 轴(竖轴)，统称坐标轴. 它们构成一个**空间直角坐标系**，称为 $Oxyz$ 坐标系，点 O 叫作坐标原点.

通常将 x 轴和 y 轴置于水平面上，z 轴就是铅垂线，且它们的正向符合右手规则(见图 7-1). 由 x 轴和 y 轴、y 轴和 z 轴、z 轴和 x 轴所确定的坐标面分别叫作 xOy 面、yOz 面、zOx 面.

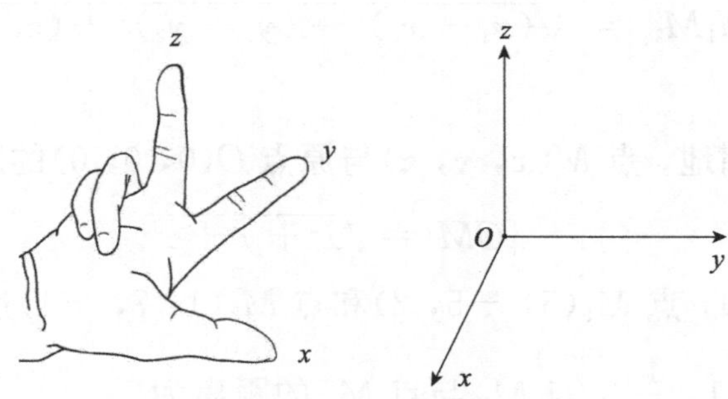

图 7-1

设 M 为空间的一点，过 M 作三个平面分别垂直于坐标轴，分别与 x 轴、y 轴、z 轴交于 P，Q，R 三点，如图 7-2 所示. 设这三点在相应的坐标轴上的坐标依次为 x，y，z，我们称有序数组 (x, y, z) 为点 M 的坐标，记作 $M(x, y, z)$，x，y，z 分别为点 M 的横坐标、纵坐标、竖坐标.

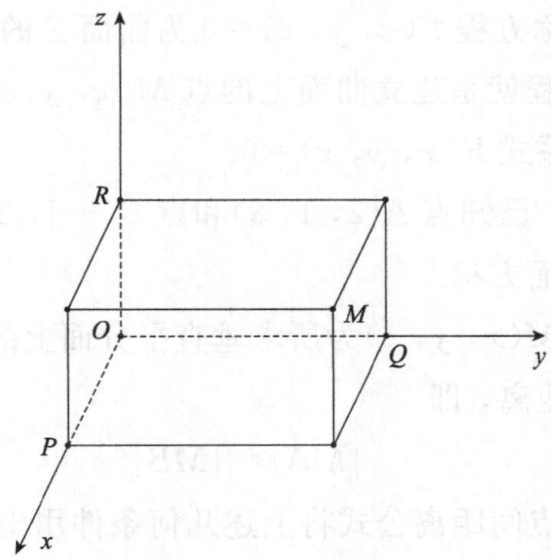

图 7-2

这样，$(0, 0, 0)$ 表示的是原点，$(x, 0, 0)$，$(0, y, 0)$ 和 $(0, 0, z)$ 分别表示位于 x 轴、y 轴和 z 轴上的点.

设 $M_1(x_1, y_1, z_1)$ 和 $M_2(x_2, y_2, z_2)$ 为空间中两点，则线段 M_1M_2 的中点 $M(x, y, z)$ 的坐标为

$$x=\frac{x_1+x_2}{2},\ y=\frac{y_1+y_2}{2},\ z=\frac{z_1+z_2}{2}. \tag{7-1}$$

点 M_1 与点 M_2 之间的距离为

$$|M_1M_2|=\sqrt{(x_1-x_2)^2+(y_1-y_2)^2+(z_1-z_2)^2}. \tag{7-2}$$

特别地，点 $M(x, y, z)$ 与原点 $O(0, 0, 0)$ 的距离为

$$|OM|=\sqrt{x^2+y^2+z^2}.$$

例如，点 $M_1(5, -5, 2)$ 和点 $M_2(1, 7, -1)$ 连线的中点坐标为 $(3, 1, \frac{1}{2})$，点 M_1 与点 M_2 的距离为

$$|M_1M_2|=\sqrt{(5-1)^2+(-5-7)^2+(2+1)^2}=\sqrt{4^2+12^2+3^2}=13.$$

7.1.2 空间曲面的方程

我们把空间曲面 Σ 看成是具有某种性质的点 $M(x, y, z)$ 的集合，用方程

$$F(x, y, z)=0$$

来表示，并称方程 $F(x, y, z)=0$ 为曲面 Σ 的方程. 很自然地，求曲面的方程就是建立曲面上的点 $M(x, y, z)$ 的坐标 x，y 与 z 之间的关系式 $F(x, y, z)=0$.

例 7-1 已知点 $A(2, 1, 3)$ 和点 $B(-1, 2, 4)$，求线段 AB 的垂直平分面方程.

解：设 $M(x, y, z)$ 为所求垂直平分面上的任意一点，则它与 A，B 等距离，即

$$|MA|=|MB|.$$

利用两点间距离公式将上述几何条件用坐标形式表示为

$$\sqrt{(x-2)^2+(y-1)^2+(z-3)^2}=\sqrt{(x+1)^2+(y-2)^2+(z-4)^2},$$

两边平方后，化简整理得

$$6x-2y-2z+7=0,$$

这就是所求的垂直平分面的方程.

一般地，三元一次方程

$$Ax+By+Cz+D=0 \quad (A^2+B^2+C^2\neq 0) \tag{7-3}$$

表示一个平面.

例 7-2 求以点 $C(1, -2, 3)$ 为球心，半径为 $\sqrt{2}$ 的球面的方程.

解: 设 $M(x, y, z)$ 为球面上任一点，依题意，$|MC|=\sqrt{2}$，故

$$|MC|^2=2,$$

即得所求球面方程

$$(x-1)^2+(y+2)^2+(z-3)^2=2.$$

一般地，以点 $C(a, b, c)$ 为球心、半径为 R 的球面方程为

$$(x-a)^2+(y-b)^2+(z-c)^2=R^2 \text{（如图 7-3 所示）}. \tag{7-4}$$

特别地，球心在原点的球面方程为

$$x^2+y^2+z^2=R^2.$$

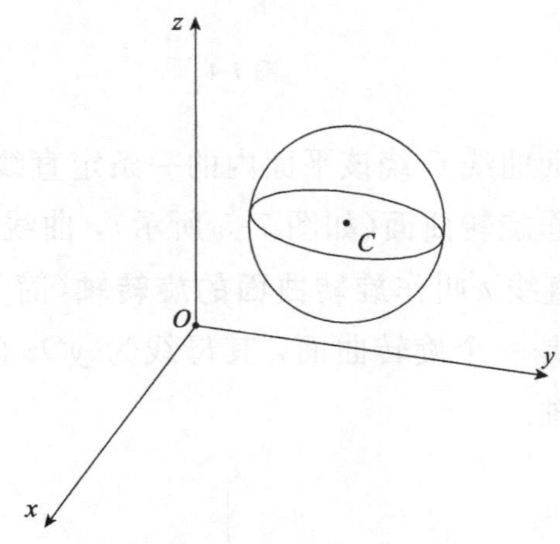

图 7-3

例 7-3 求 yOz 面上的直线 $y=az(a\neq 0)$ 绕 z 轴旋转形成的圆锥面（如图 7-4 所示）的方程.

解: 设 $M(x, y, z)$ 是圆锥面上的任意一点，它是由直线 $y=az$ 上的一点 $P(0, y_0, z)$ 通过旋转得来的. 由于 M，P 两点到 z 轴的距离相等，故 $|y_0|=\sqrt{x^2+y^2}$，从而 $y_0=\pm\sqrt{x^2+y^2}$. 因为 $P(0, y_0, z)$ 在直线 $y=az$ 上，所以 $\pm\sqrt{x^2+y^2}=az$，两边平方得

$$x^2+y^2=a^2z^2,$$

这就是所求的圆锥面的方程.

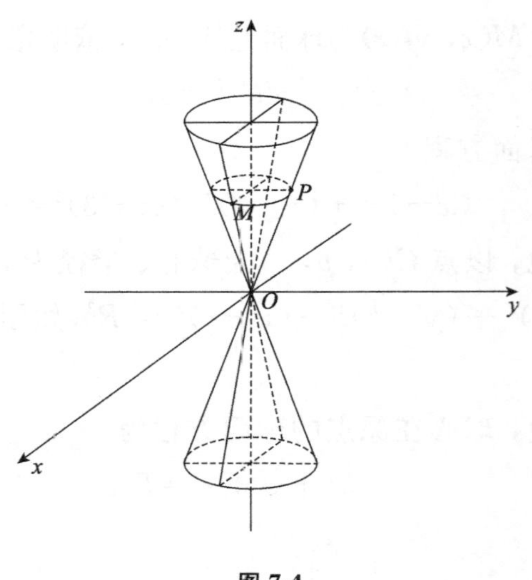

图 7-4

一条平面曲线 C 绕该平面内的一条定直线 l 旋转一周所形成的曲面叫作**旋转曲面**(如图 7-5 所示)，曲线 C 叫作**旋转曲面的母线**，定直线 l 叫作**旋转曲面的旋转轴**(简称**轴**). 例 7-3 中的圆锥面就是一个旋转曲面，其母线为 yOz 面的直线 $y=az$，旋转轴为 z 轴.

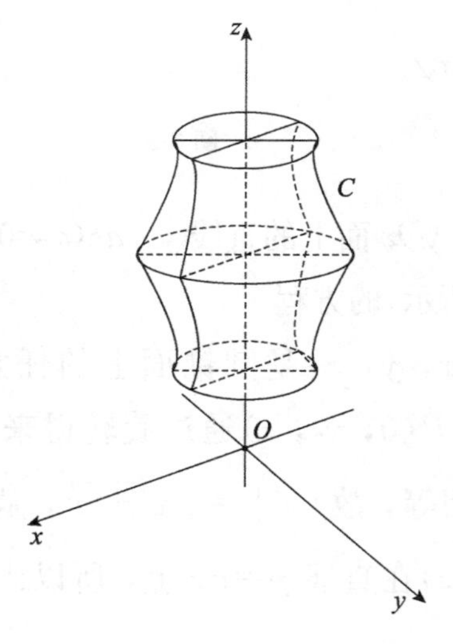

图 7-5

例 7-4 方程 $x^2+y^2=9$ 在空间中表示什么曲面?

解: 在 xOy 面上，方程 $x^2+y^2=9$ 表示一个圆. 过该圆上任意一点 $(x, y, 0)$ 且平行于 z 轴的直线 L 上的每一点都满足方程$x^2+y^2=9$，也就是说直线L都在该曲面上．故该曲面可以看作是由平行于z轴的直线L沿xOy面上的圆$x^2+y^2=9$移动形成的轨迹，这个曲面称为圆柱面(如图7-6所示)．

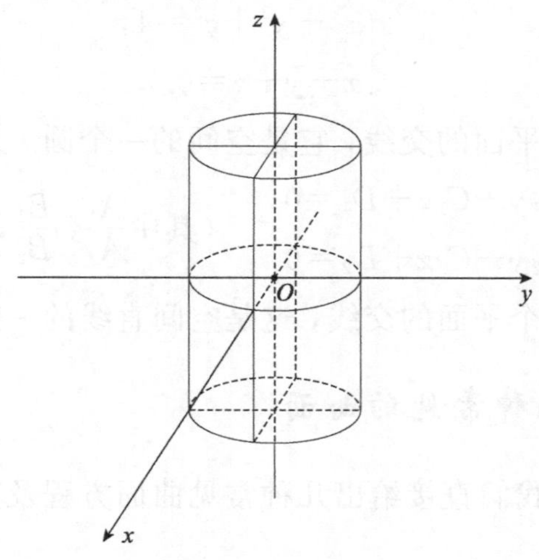

图 7-6

一条动直线L平行于定直线，并沿定曲线C平行移动，动直线L形成的曲面叫作**柱面**(如图7-7所示)，动直线L叫作**柱面的母线**，定曲线C叫作**柱面的准线**．例7-4中的圆柱面$x^2+y^2=9$的母线是平行于z轴的直线，准线为xOy面上的圆$x^2+y^2=9$．

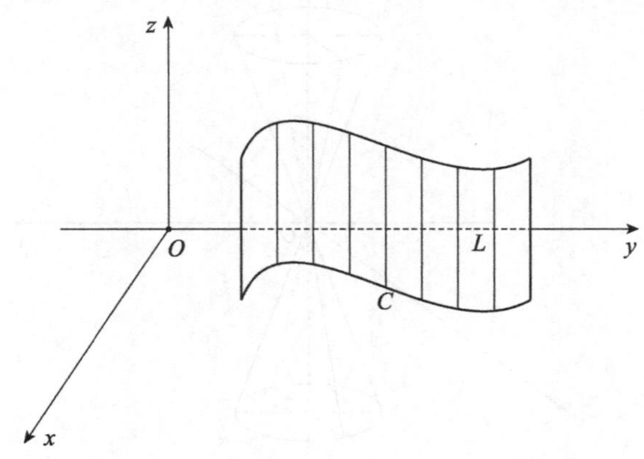

图 7-7

空间曲线可以看作两个曲面的交线，两个曲面$F(x, y, z)=0$和$G(x, y, z)=0$的交线C的方程为

$$\begin{cases} F(x, y, z) = 0, \\ G(x, y, z) = 0. \end{cases} \tag{7-5}$$

例如，方程组

$$\begin{cases} x^2 + y^2 + z^2 = 4, \\ x + y + z = 0. \end{cases}$$

表示球面与平面的交线，它是空间的一个圆．又如，方程组

$$\begin{cases} A_1 x + B_1 y + C_1 z + D_1 = 0, \\ A_2 x + B_2 y + C_2 z + D_2 = 0. \end{cases} \quad \left(\text{其中}\frac{A_1}{A_2}, \frac{B_1}{B_2}, \frac{C_1}{C_2}\text{不全相等}\right)$$

表示的是两个平面的交线，这是空间直线的一般方程．

7.1.3 几种常见的曲面

下面，我们直接给出几种常见曲面方程及其图形，例如：

方程

$$\frac{x^2}{a^2} + \frac{y^2}{b^2} = z^2, \tag{7-6}$$

表示的曲面叫作**椭圆锥面**(如图 7-8 所示)，特别地，方程 $z^2 = \lambda(x^2 + y^2)(\lambda > 0)$表示圆锥面．

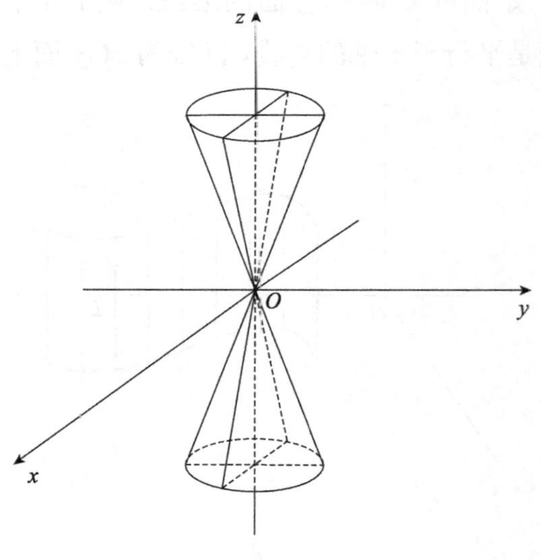

图 7-8

方程

$$\frac{x^2}{a^2} + \frac{y^2}{b^2} + \frac{z^2}{c^2} = 1, \tag{7-7}$$

表示的曲面叫作**椭球面**(如图 7-9 所示)，球面 $x^2+y^2+z^2=a^2$ 就是其特殊情形.

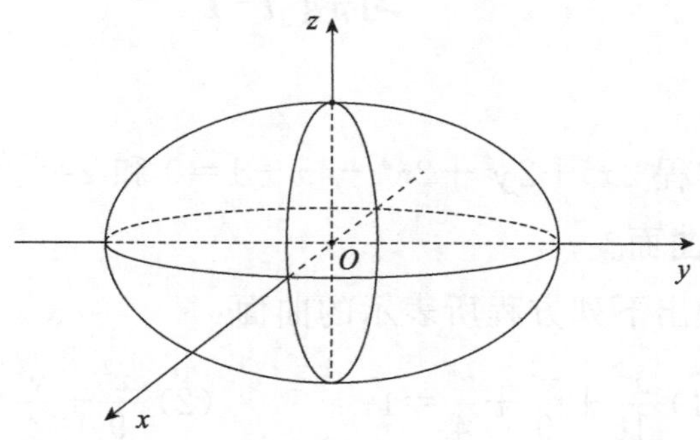

图 7-9

方程

$$\frac{x^2}{a^2}+\frac{y^2}{b^2}=z, \tag{7-8}$$

表示的曲面叫作**椭圆抛物面**(如图 7-10 所示)，旋转抛物面 $z=k(x^2+y^2)(k>0)$ 是其特殊情形.

另外，常见的曲面还有椭圆柱面 $\frac{x^2}{a^2}+\frac{y^2}{b^2}=1$，双曲柱面 $\frac{x^2}{a^2}-\frac{y^2}{b^2}=1$ 和抛物柱面 $y^2=2px$ 等.

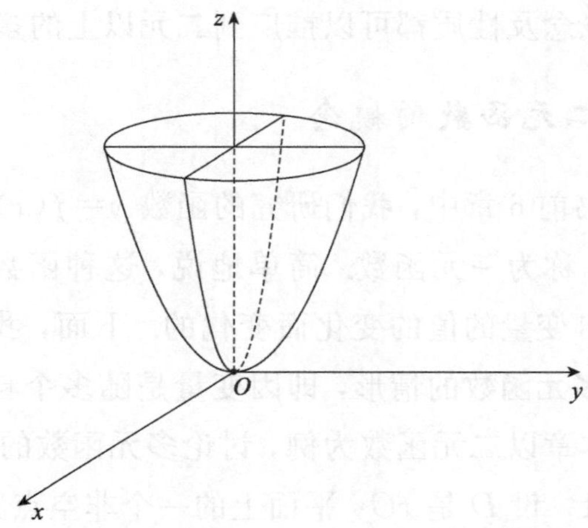

图 7-10

习题 7-1

1. 方程 $2x^2+2y^2+2z^2-4x-1=0$ 和 $z=\sqrt{4-x^2-y^2}$ 分别表示什么曲面?

2. 指出下列方程所表示的曲面：

(1) $\frac{x^2}{16}+\frac{y^2}{9}+\frac{z^2}{4}=1$；　　(2) $\frac{x^2}{9}+\frac{y^2}{4}=z^2$；

(3) $\frac{x^2}{9}+\frac{y^2}{4}=z$；　　(4) $\frac{x^2}{9}+\frac{y^2}{4}=1$.

*3. 求 xOz 面的抛物线 $z=1-x^2$ 绕 z 轴旋转一周所形成的旋转曲面方程.

7.2 二元函数的基本概念

本节从二元函数的概念出发，给出二元函数极限存在、二元函数连续等定义，最后给出有界闭区域上二元连续函数的性质，这些概念及性质都可以推广到二元以上的多元函数.

7.2.1 二元函数的概念

在本书前 6 章中，我们研究的函数 $y=f(x)(x\in D)$ 只有一个自变量，称为一元函数. 简单地说，这种函数因变量的值是随着一个自变量的值的变化而变化的. 下面，我们将函数的概念推广到多元函数的情形，即因变量是随多个自变量的变化而变化的. 本章以二元函数为例，讨论多元函数的微分学问题.

定义 1 设 D 是 xOy 平面上的一个非空点集，如果对于任意一点 $P(x, y)\in D$，按照一个给定的对应法则 f，变量 z 总有唯一确定的值与之对应，我们称 z 是变量 x，y 的**二元函数**，记作

$$z=f(x, y), (x, y)\in D,$$

或

$$z=f(P),\ P\in D,$$

其中，D 称为该函数的定义域(也记作 D_f)，x，y 称为自变量，z 称为因变量.

从变量的观点说，因变量 z 是随着自变量 x 和 y 的变化而变化的，也以二元函数 $f(x,\ y)$称之. 当$(x,\ y)$取遍定义域 D 中的每个点，函数值 $f(x,\ y)$的全体构成的集合叫作二元函数的值域，记作 R_f，即

$$R_f=\{z\,|\,z=f(x,\ y),\ (x,\ y)\in D\}.$$

又，我们常以数学算式的形式来表示二元函数. 如 $z=x+y$，$z=\dfrac{2xy}{x^2+y^2}$，$z=\sin(xy)$等. 除特别说明外，我们约定它们的定义域是使算式有意义的点的集合，这种定义域又叫作函数的自然定义域.

例如，函数 $z=\dfrac{2xy}{x-y}$的定义域是 $D_f=\{(x,\ y)\,|\,x-y\neq 0\}$，即 xOy 平面上除去直线 $y=x$ 外的点构成的集合.

又如，函数 $z=\sqrt{1-x^2-y^2}$的定义域是 $D_f=\{(x,\ y)\,|\,x^2+y^2\leqslant 1\}$，表示 xOy 平面上以原点为中心、半径为 1 的圆域(包括圆内和圆周上的点)(如图 7-11 所示).

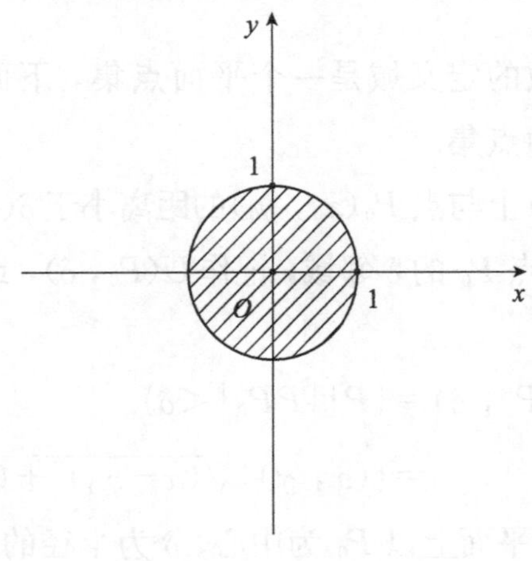

图 7-11

我们把空间点集

$$E=\{(x,\ y,\ z)\,|\,z=f(x,\ y),\ (x,\ y)\in D\}$$

叫作二元函数 $z=f(x, y)$ 的图形. 由于一个有序数组 (x, y, z) 表示空间中的一点，因此二元函数 $z=f(x, y)$ 的图形是一张空间曲面(如图 7-12 所示)，它在 xOy 面上的投影便是函数的定义域 D_f.

例如，函数 $z=x+y$ 的图形是一个平面，其定义域 $D_f=\mathbf{R}^2$，值域 $R_f=(-\infty, +\infty)$.

又如，函数 $z=\sqrt{1-x^2-y^2}$ 的定义域 $D_f=\{(x, y) \mid x^2+y^2\leqslant 1\}$ 是 xOy 面上的圆域，值域 $R_f=[0, 1]$，函数的图形是中心在原点的单位球的上半球面（如图 7-13 所示).

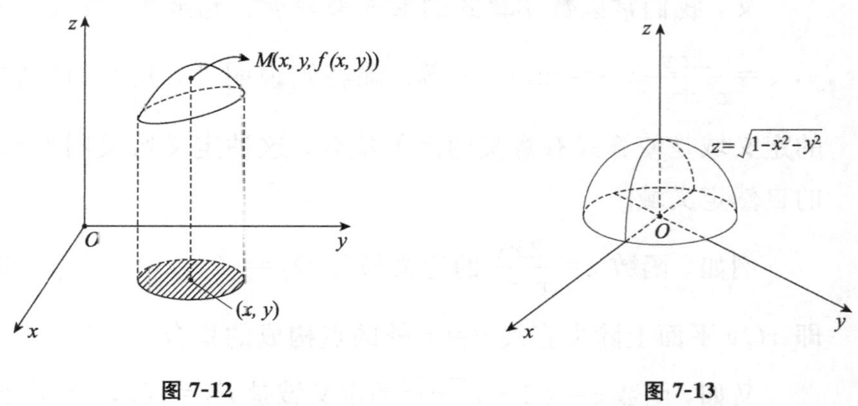

图 7-12　　图 7-13

7.2.2　平面区域

二元函数的定义域是一个平面点集，下面要介绍的邻域和区域也是平面点集.

平面 xOy 上与点 $P_0(x_0, y_0)$ 的距离小于 $\delta(\delta>0)$ 的点 $P(x, y)$ 的全体，称为点 P_0 的 δ 邻域，记作 $U(P_0, \delta)$，或简单记作 $U(P_0)$，即

$$U(P_0, \delta)=\{P \mid |PP_0|<\delta\}$$
$$=\{(x, y) \mid \sqrt{(x-x_0)^2+(y-y_0)^2}<\delta\}.$$

其图形是平面上以 P_0 为中心、δ 为半径的开圆. 从 $U(P_0, \delta)$ 中挖去中心 P_0 后得到的点集，称为点 P_0 的空心 δ 邻域，记作 $\mathring{U}(P_0, \delta)$ 或 $\mathring{U}(P_0)$.

设 D 是一个平面点集，P 是平面上的一点.

若存在点 P 的一个邻域 $U(P)$，使得 $U(P)\subset D$，则称点 P

为点集 D 的**内点**(如图 7-14 所示).

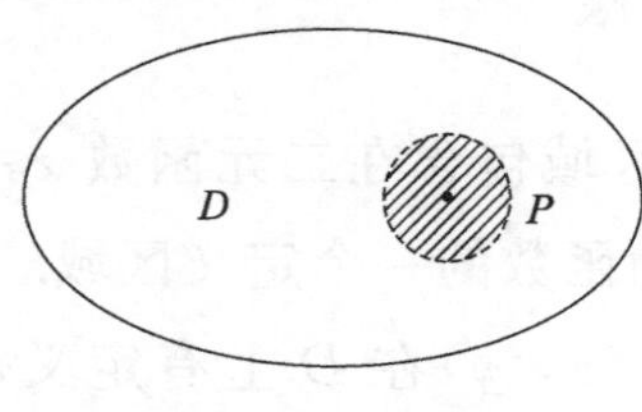

图 7-14

若点 P 的任何一个邻域内既含有 D 中的点，又含有不属于 D 的点，则称点 P 为点集 D 的**边界点**(如图 7-15 所示). D 的边界点的全体，称为 D 的边界，记作 ∂D.

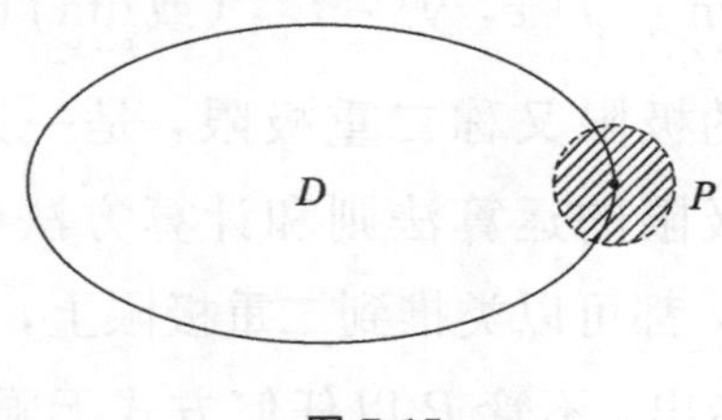

图 7-15

若平面上点集 D 满足：

(1) D 中的点全是其内点；

(2) D 中的任意两点都可以用完全包含在 D 中的折线连接起来(如图 7-16 所示)，则称点集 D 为**平面区域**(或开区域). 开区域连同其边界构成的点集，称为闭区域. 开区域连同其部分边界构成的点集，称为半开区域.

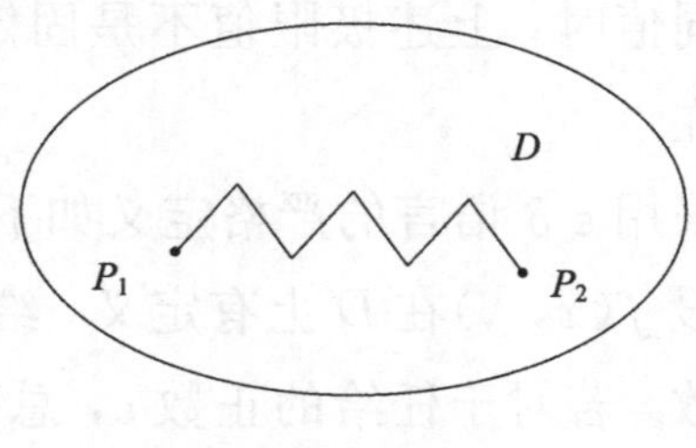

图 7-16

若一个区域的所有点与原点的距离都是有限的，则称它为有界区域，否则称它为无界区域. 无界区域总可以延伸到无穷远处.

7.2.3 二重极限

若某个平面区域包含在二元函数 $z=f(x, y)$ 的定义域 D 内，则称该区域为函数的一个定义区域.

定义 2 设 $f(x, y)$ 在 D 上有定义，给定点 $P_0(x_0, y_0)$，$P(x, y)$ 是定义域内异于 P_0 的动点，若当 P 以任何方式无限接近于 P_0 时，对应的函数值 $f(x, y)$ 就无限接近于固定常数 L，则称当 $P(x, y)\to P_0(x_0, y_0)$ 时，函数 $f(x, y)$ 的极限为 L，记作

$$\lim_{(x, y)\to(x_0, y_0)} f(x, y)=L \quad (\text{或} \lim_{P\to P_0} f(P)=L).$$

二元函数的极限又称二重极限，是一元函数极限的推广. 有关一元函数极限的运算法则和计算方法(单调有界准则和洛必达法则除外)，都可以类推到二重极限上，这里不再详细罗列.

这里还要指出，不管 P 以任何方式无限接近于 P_0 时，函数值 $f(x, y)$ 都要趋于同一个固定常数 L，这样才能说函数 $f(x, y)$ 的极限是 L.

例 7-5 证明二重极限 $\lim\limits_{(x, y)\to(0, 0)}\dfrac{xy}{x^2+y^2}$ 不存在.

证： 当 $P(x, y)$ 沿直线 $y=kx$ 趋于 $O(0, 0)$ 时，有

$$\lim_{(x, y)\to(0, 0)}\frac{xy}{x^2+y^2}=\lim_{\substack{x\to 0\\ y=kx}}\frac{xy}{x^2+y^2}=\lim_{x\to 0}\frac{x\cdot kx}{x^2+k^2x^2}=\frac{k}{1+k^2},$$

显然当 k 取不同值时，上述极限值不是固定不变的常数，故原二重极限不存在.

二重极限采用 ε-δ 语言的严格定义如下：

定义 2′ 设 $f(x, y)$ 在 D 上有定义，给定点 $P_0(x_0, y_0)$，L 为某个固定常数. 若对于任给的正数 ε，总存在正数 δ，当定义域内的点 $P(x, y)$ 满足 $0<|PP_0|<\delta$ 时，总有

$$|f(x, y)-L|<\varepsilon$$

成立，则称当 $P(x, y)\to P_0(x_0, y_0)$ 时，函数 $f(x, y)$ 的极限为 L.

7.2.4 二元函数连续性

定义 3 设 $P_0(x_0, y_0)$ 为函数 $f(x, y)$ 的定义域上的点，若

$$\lim_{(x,y)\to(x_0,y_0)} f(x,y)=f(x_0,y_0),$$

则称函数 $f(x, y)$在点 $P_0(x_0, y_0)$处连续.

若 $f(x, y)$在区域 D 上任何一点处均连续，则称函数 $f(x, y)$在 D 上连续，或称 $f(x, y)$是 D 上的连续函数.

与一元连续函数的性质类似，二元连续函数有以下性质：

性质1　两个二元连续函数的和、差、积、商及复合函数在其定义区域内仍是连续函数.

性质2　在有界闭区域 D 上的二元连续函数一定是有界函数，且存在最小值和最大值.

性质3　在有界闭区域 D 上的二元连续函数可以取遍从最小值到最大值之间的一切值.

性质4　二元初等函数在其定义区域内是连续的.

这里所谓的二元初等函数，是指由一元初等函数(自变量是 x 或 y)经过有限次的四则运算和复合运算得出的函数. 由性质 4 可知，如果点 $P_0(x_0, y_0)$在初等函数 $f(x, y)$的定义区域内，可以用代入法计算二重极限 $\lim\limits_{(x,y)\to(x_0,y_0)} f(x,y)$，即 $\lim\limits_{(x,y)\to(x_0,y_0)} f(x,y)=f(x_0,y_0)$.

例 7-6　计算极限 $\lim\limits_{(x,y)\to(3,4)}(2x^2y-\sqrt{3xy})$.

解：本题可以利用极限的运算法则计算，这里利用初等函数的连续性来解题. 由于 $f(x, y)=2x^2y-\sqrt{3xy}$为初等函数，而点(3, 4)是其定义域的内点，故

$$\begin{aligned}\lim_{(x,y)\to(3,4)}(2x^2y-\sqrt{3xy})&=f(3,4)=2\times9\times4-\sqrt{3\times3\times4}\\&=66.\end{aligned}$$

例 7-7　计算极限 $\lim\limits_{(x,y)\to(0,0)}\dfrac{xy}{\sqrt{xy+1}-1}$.

解：
$$\begin{aligned}\lim_{(x,y)\to(0,0)}\frac{xy}{\sqrt{xy+1}-1}&=\lim_{(x,y)\to(0,0)}\frac{xy(\sqrt{xy+1}+1)}{(xy+1)-1}\\&=\lim_{(x,y)\to(0,0)}(\sqrt{xy+1}+1)\\&=\sqrt{0+1}+1=2.\end{aligned}$$

例 7-8　计算极限 $\lim\limits_{(x,y)\to(0,4)} xy\sin\dfrac{1}{xy}$.

解：由于 $\lim\limits_{(x,y)\to(0,4)} xy=0$，$\left|\sin\dfrac{1}{xy}\right|\leqslant 1$，由于有界量与无穷小之积仍为无穷小，故

$$\lim_{(x,y)\to(0,4)} xy\sin\frac{1}{xy}=0.$$

例 7-9 计算极限 $\lim\limits_{(x,y)\to(0,2)}\dfrac{\sin xy}{x}$.

解：
$$\begin{aligned}\lim_{(x,y)\to(0,2)}\frac{\sin xy}{x}&=\lim_{(x,y)\to(0,2)}\frac{\sin xy}{xy}\cdot y\\&=\lim_{(x,y)\to(0,2)}\frac{\sin xy}{xy}\cdot\lim_{(x,y)\to(0,2)}y\\&=1\times 2=2.\end{aligned}$$

最后我们指出，可以类似地定义三元函数及更多元函数，并相应引入极限、连续等概念，本节关于二元函数的相关结论都可以平行推广到多元函数上.

习题 7-2

1. 求下列各函数的表达式：

(1) 设 $f(x,y)=x^2-2y^2$，求 $f(x+y,\sqrt{xy})$；

(2) 设 $f(x+y,x-y)=x^2-4xy-y^2$，求 $f(x,y)$.

2. 求下列各函数的定义域：

(1) $z=\ln(1-x^2-4y^2)$；　　(2) $z=\dfrac{\sqrt{y-4x^2}}{x^2+y^2}$；

(3) $z=\dfrac{1}{\sqrt{y-x-1}}$.

3. 求下列极限：

(1) $\lim\limits_{(x,y)\to(0,1)}(x+y)\ln(x^2+\mathrm{e}^y)$；

(2) $\lim\limits_{(x,y)\to(5,1)}\dfrac{2xy}{\sqrt{2xy-1}-1}$；

(3) $\lim\limits_{(x,y)\to(0,0)}\dfrac{\sqrt{xy+9}-3}{xy}$；

(4) $\lim\limits_{(x,\ y)\to(2,\ 0)}\dfrac{\ln(1-xy)}{y}$.

7.3　偏导数与全微分

本节讨论二元函数的求导及微分问题，要特别注意其与一元函数求导及微分概念的联系和区别.

7.3.1　二元函数的偏导数

对于一元函数 $y=f(x)$，导数 $f'(x_0)$ 就是函数在 $x=x_0$ 处的变化率. 在多元函数中，当某个自变量在变化，而其他自变量不变化(即视为常量)时，函数关于这个自变量的变化率叫作多元函数对该自变量的偏导数.

定义 4　设函数 $z=f(x,\ y)$ 在点 $(a,\ b)$ 的某邻域内有定义，当自变量 y 保持定值 $y=b$，函数就变成一元函数 $z=f(x,\ b)$，该一元函数在 $x=a$ 处的导数称为二元函数 $z=f(x,\ y)$ 在点 $(a,\ b)$ 处对 x 的偏导数，记作 $f_x(a,\ b)$，即

$$f_x(a,\ b)=\lim_{h\to 0}\frac{f(a+h,\ b)-f(a,\ b)}{h}. \tag{7-9}$$

类似地，可定义函数 $z=f(x,\ y)$ 在点 $(a,\ b)$ 处对 y 的偏导数，记作 $f_y(a,\ b)$，即

$$f_y(a,\ b)=\lim_{h\to 0}\frac{f(a,\ b+h)-f(a,\ b)}{h}. \tag{7-10}$$

偏导数有时也用以下形式的记号：

$$\left.\frac{\partial z}{\partial x}\right|_{(a,\ b)}=\left.\frac{\partial f}{\partial x}\right|_{(a,\ b)}=z_x(a,\ b)=f_x(a,\ b),$$

$$\left.\frac{\partial z}{\partial y}\right|_{(a,\ b)}=\left.\frac{\partial f}{\partial y}\right|_{(a,\ b)}=z_y(a,\ b)=f_y(a,\ b).$$

若函数 $z=f(x,\ y)$ 在区域 D 内每一点 $(x,\ y)$ 处对 x 的偏导数都存在，这个偏导数就是关于 $x,\ y$ 的函数，则称它为函数 $z=f(x,\ y)$ 对自变量 x 的偏导函数，记作 $f_x(x,\ y)$. 类似地，可以定义函数 $z=f(x,\ y)$ 对自变量 y 的偏导函数，并记作 $f_y(x,\ y)$. 偏

导函数简称为偏导数，可采用如下记号：

$$\frac{\partial z}{\partial x}=\frac{\partial f}{\partial x}=z_x=f_x(x,\ y),$$

$$\frac{\partial z}{\partial y}=\frac{\partial f}{\partial y}=z_y=f_y(x,\ y).$$

从偏导数的定义可以看到，偏导数的计算本质上是一元函数的导数的计算. 例如，求 $f_x(x,\ y)$时，只要将 y 视为常量而对 x 求导数；求 $f_y(x,\ y)$时，只要将 x 视为常量而对 y 求导数.

例 7-10 设 $f(x,\ y)=x^2+2xy-y^2+1$，求函数 $f(x,\ y)$ 的偏导数，并求函数在点$(1,\ -1)$的偏导数.

解： 将 y 看作常量，对 x 求导得

$$\begin{aligned}f_x(x,\ y)&=\frac{\partial}{\partial x}(x^2+2xy-y^2+1)\\&=\frac{\partial}{\partial x}(x^2+2xy)+\frac{\partial}{\partial x}(1-y^2)\\&=(2x+2y)+0\\&=2x+2y.\end{aligned}$$

将 x 看作常量，对 y 求导得

$$\begin{aligned}f_y(x,\ y)&=\frac{\partial}{\partial y}(x^2+2xy-y^2+1)\\&=\frac{\partial}{\partial y}(x^2+1)+\frac{\partial}{\partial y}(2xy-y^2)\\&=0+(2x-2y)\\&=2x-2y.\end{aligned}$$

将$(1,\ -1)$代入上面的结果得到

$$f_x(1,\ -1)=(2x+2y)\big|_{(1,\ -1)}=0,$$

$$f_y(1,\ -1)=(2x-2y)\big|_{(1,\ -1)}=4.$$

例 7-11 求 $z=y^2\sin xy$ 的偏导数.

解：

$$\begin{aligned}z_x&=\frac{\partial}{\partial x}(y^2\sin xy)\\&=y^2\frac{\partial}{\partial x}(\sin xy)=y^2\cos xy\frac{\partial}{\partial x}(xy)\\&=y^3\cos xy,\\z_y&=\frac{\partial}{\partial y}(y^2\sin xy)\end{aligned}$$

$$=\frac{\partial}{\partial y}(y^2)\cdot\sin xy+y^2\frac{\partial}{\partial y}(\sin xy)$$

$$=2y\sin xy+xy^2\cos xy.$$

例 7-12　求 $z=x^y$ 的偏导数.

解： $z_x=\frac{\partial}{\partial x}(x^y)=yx^{y-1}$，$z_y=\frac{\partial}{\partial y}(x^y)=x^y\ln x$.

偏导数的定义可以类推到三元及三元以上的函数，其计算方法也类似. 例如，对于三元函数 $u=f(x, y, z)$，求函数对自变量 x 的偏导数 u_x 时，是将函数看成关于 x 的一元函数对 x 求导数，而除 x 以外的其他自变量(y 和 z)均视为常量；求 u_y 时，是将函数看成关于 y 的一元函数对 y 求导数，而除 y 以外的其他自变量(x 和 z)均视为常量；求 u_z 时，是将函数看成关于 z 的一元函数对 z 求导数，而除 z 以外的其他自变量(x 和 y)均视为常量.

例 7-13　求三元函数 $u=(x+y+z)^2$ 的偏导数.

解： 将 y，z 看成常量，则得

$$u_x=\frac{\partial}{\partial x}[(x+y+z)^2]=2(x+y+z)\frac{\partial}{\partial x}[(x+y+z)]$$

$$=2(x+y+z),$$

由于所给函数关于自变量具有对称性，所以

$$u_y=u_z=2(x+y+z).$$

最后要指出，偏导数的记号 $\frac{\partial z}{\partial x}$ 是一个整体记号，不能看成商式(参看习题 7-3 第 5 题). 而一元函数的导数记号 $\frac{\mathrm{d}y}{\mathrm{d}x}$ 则可以看成微分之商. 另外，顺便指出，函数在某点处存在偏导数时，函数在该点处未必连续.

7.3.2　二阶偏导数

例 7-14　已知 $z=xy^3-2x^2y^2+x-2$，(1) 求 z_x，z_y；(2)求 z_x 和 z_y 的偏导数.

解： (1) $z_x=\frac{\partial}{\partial x}(xy^3-2x^2y^2+x-2)=y^3-4xy^2+1$，

$$z_y=\frac{\partial}{\partial y}(xy^3-2x^2y^2+x-2)=3xy^2-4x^2y.$$

(2) $(z_x)_x=\dfrac{\partial}{\partial x}(y^3-4xy^2+1)=-4y^2$,

$$(z_x)_y=\frac{\partial}{\partial y}(y^3-4xy^2+1)=3y^2-8xy,$$

$$(z_y)_x=\frac{\partial}{\partial x}(3xy^2-4x^2y)=3y^2-8xy,$$

$$(z_y)_y=\frac{\partial}{\partial y}(3xy^2-4x^2y)=6xy-4x^2.$$

从上面看到，函数 $z=f(x,y)$的偏导数 $f_x(x,y)$和 $f_y(x,y)$仍是二元函数，可以继续求其偏导数. $f_x(x,y)$和 $f_y(x,y)$的偏导数叫作函数 $z=f(x,y)$的二阶偏导数，依求导次序的不同，共有以下四个：$(z_x)_x$，$(z_x)_y$，$(z_y)_x$ 及$(z_y)_y$，也可采用下面的记号：

$$(z_x)_x=z_{xx}=f_{xx}=\frac{\partial^2 z}{\partial x^2}=\frac{\partial^2 f}{\partial x^2},$$

$$(z_x)_y=z_{xy}=f_{xy}=\frac{\partial^2 z}{\partial x\partial y}=\frac{\partial^2 f}{\partial x\partial y},$$

$$(z_y)_x=z_{yx}=f_{yx}=\frac{\partial^2 z}{\partial y\partial x}=\frac{\partial^2 f}{\partial y\partial x},$$

$$(z_y)_y=z_{yy}=f_{yy}=\frac{\partial^2 z}{\partial y^2}=\frac{\partial^2 f}{\partial y^2}.$$

其中，z_{xy}和 z_{yx}又称为二阶混合偏导数. 类似地，可以定义更高阶的偏导数，并引入相应的记号. 计算高阶偏导数时，采用从低阶到高阶逐阶求导的方法.

例 7-15 求函数 $z=\sin(2x+y)$的所有二阶偏导数及三阶偏导数 z_{xxy}.

解： 先计算一阶偏导数

$$\begin{aligned}z_x&=\frac{\partial}{\partial x}[\sin(2x+y)]=\cos(2x+y)\cdot(2x+y)_x\\&=2\cdot\cos(2x+y),\\z_y&=\frac{\partial}{\partial y}[\sin(2x+y)]=\cos(2x+y)\cdot(2x+y)_y\\&=\cos(2x+y).\end{aligned}$$

再依次计算二阶、三阶偏导数

$$\begin{aligned}
z_{xx} &= \frac{\partial}{\partial x}[2\cos(2x+y)] \\
&= 2\cdot\frac{\partial}{\partial x}[\cos(2x+y)] \\
&= 2\cdot[-\sin(2x+y)]\cdot(2x+y)_x \\
&= -4\sin(2x+y), \\
z_{xy} &= \frac{\partial}{\partial y}[2\cos(2x+y)] \\
&= 2\cdot\frac{\partial}{\partial y}[\cos(2x+y)] \\
&= 2\cdot[-\sin(2x+y)]\cdot(2x+y)_y \\
&= -2\sin(2x+y), \\
z_{yx} &= \frac{\partial}{\partial x}[\cos(2x+y)] \\
&= -\sin(2x+y)\cdot(2x+y)_x \\
&= -2\sin(2x+y), \\
z_{yy} &= \frac{\partial}{\partial y}[\cos(2x+y)] \\
&= -\sin(2x+y)\cdot(2x+y)_y \\
&= -\sin(2x+y), \\
z_{xxy} &= (z_{xx})_y = \frac{\partial}{\partial y}[-4\sin(2x+y)] \\
&= -4\cos(2x+y)\cdot(2x+y)_y \\
&= -4\cos(2x+y).
\end{aligned}$$

从上面的两个例子我们发现 $z_{xy}=z_{yx}$，事实上如果 z_{xy} 和 z_{yx} 在区域 D 内连续，那么 $z_{xy}=z_{yx}$. 更一般地说，高阶混合偏导数在其连续的条件下与求导的次序无关.

7.3.3　全微分

定义 5　若函数 $z=f(x, y)$ 在点 (a, b) 处的全增量 $\Delta z=f(a+\Delta x, b+\Delta y)-f(a, b)$ 可以分解为 $\Delta z=A\Delta x+B\Delta y+\alpha\Delta x+\beta\Delta y$，其中 A, B 与 $\Delta x, \Delta y$ 无关，$\lim\limits_{(\Delta x,\Delta y)\to(0,0)}\alpha=\lim\limits_{(\Delta x,\Delta y)\to(0,0)}\beta=0$，则称

函数 $z=f(x, y)$在点(a, b)处可微分(简称可微)，记 $dz=A\Delta x+B\Delta y$，称 dz 为函数 $z=f(x, y)$在点(a, b)处的全微分.

若函数 $z=f(x, y)$在区域 D 内每一点均可微，则称 $z=f(x, y)$在区域 D 内可微.

定理 1(可微的充分条件) 若 $z=f(x, y)$在点(x, y)处具有连续偏导数，则 $z=f(x, y)$在点(x, y)处可微.

定理 2(可微的必要条件) 若 $z=f(x, y)$在点(x, y)处可微，则：

(1) $z=f(x, y)$在点(x, y)处连续；

(2) $z=f(x, y)$在点(x, y)处的偏导数 z_x 和 z_y 均存在，并且有全微分计算公式

$$dz = z_x\Delta x + z_y\Delta y. \tag{7-11}$$

习惯上，自变量的增量 Δx 和 Δy 也分别记作 dx 和 dy，并分别称为自变量的微分，于是全微分计算公式又常写成

$$dz=z_x dx+z_y dy. \tag{7-12}$$

这个公式也是一元函数的微分公式 $dy=f'(x)dx$ 的推广. 求全微分的关键是计算两个偏导数 z_x 和 z_y.

例 7-16 求函数 $z=xy^2-x^2y$ 的全微分.

解：先计算偏导数

$$z_x=(xy^2-x^2y)_x=y^2-2xy,$$
$$z_y=(xy^2-x^2y)_y=2xy-x^2,$$

从而有

$$dz=z_x dx+z_y dy=(y^2-2xy)dx+(2xy-x^2)dy.$$

例 7-17 求函数 $z=\dfrac{2x}{y}$在点$(1, -1)$处的全微分.

解：由于

$$z_x=\left(\frac{2x}{y}\right)_x=\frac{2}{y},\ z_y=\left(\frac{2x}{y}\right)_y=-\frac{2x}{y^2},$$

所以

$$\begin{aligned} dz &=z_x dx+z_y dy=\frac{2}{y}dx-\frac{2x}{y^2}dy \\ &=\frac{2}{y^2}(ydx-xdy), \end{aligned}$$

从而

$$dz\big|_{(1,-1)}=2(-dx-dy)=-2(dx+dy).$$

以上关于二元函数全微分的定义、定理及计算公式可以类推到多元函数. 例如对于三元函数 $u=f(x,y,z)$，若函数可微，则有全微分公式

$$du=u_x dx+u_y dy+u_z dz.$$

最后指出，多元函数偏导数存在并不能保证函数可微，这与一元函数是有区别的(一元函数可微与可导是等价的).

习题 7-3

1. 求下列各函数的偏导数:

(1) $z=x^2y-xy^2$； (2) $z=\cos(2xy)$；

(3) $z=x^2e^{x-y}$； (4) $z=x\sin(x+2y)$；

(5) $z=(1+x)^y$； (6) $u=xy+yz+zx$.

2. 求下列各函数的二阶偏导数:

(1) $z=3x^2y+xy^3$； (2) $z=ye^{-x}$；

(3) $z=e^{2x-y}$； (4) $z=x\ln(x+y)$.

3. 设 $z=x^3y+xy^3-2x^2y^2$，求 $z_{xx}(1,0)$，$z_{xy}(0,-1)$ 及 $z_{xyy}(1,-1)$.

4. 求下列各函数的全微分:

(1) $z=x^2y+y^2$；

(2) $z=(y+1)e^x$；

(3) $z=\dfrac{x-y}{x+y}$；

(4) $z=\ln(x^2+y^2+1)$在点(1, 2)处.

*5. 设 $z-xy=0$，证明：$\dfrac{\partial z}{\partial x}\cdot\dfrac{\partial x}{\partial y}\cdot\dfrac{\partial y}{\partial z}=-1$.

7.4 链式法则及隐函数求导

复合函数求导法则在一元函数微分学中有着重要的地位，

本节将把它推广到多元复合函数求导的情形.

7.4.1 链式法则

设由函数 $z=f(u,v)$ 与 $u=u(x,y)$，$v=v(x,y)$ 复合得到复合函数

$$z=f[u(x,y),v(x,y)],$$

我们把函数 $z=f(u,v)$ 叫作复合函数的外函数，函数 $u=u(x,y)$ 和 $v=v(x,y)$ 叫作复合函数的内函数，其中 u，v 叫作中间变量，x，y 叫作自变量，z 是因变量. 这个复合关系可以用函数结构图(如图 7-17所示)表示.

定理 3(链式法则) 若内函数 $u=u(x,y)$，$v=v(x,y)$ 在点 (x,y) 处偏导数都存在，而外函数 $z=f(u,v)$ 在对应点 (u,v) 处具有连续偏导数 $\frac{\partial z}{\partial u}$ 和 $\frac{\partial z}{\partial v}$，则复合函数 $z=f[u(x,y),v(x,y)]$ 在点 (x,y) 处的偏导数存在，且有求导公式

$$\begin{aligned}\frac{\partial z}{\partial x}&=\frac{\partial z}{\partial u}\cdot\frac{\partial u}{\partial x}+\frac{\partial z}{\partial v}\cdot\frac{\partial v}{\partial x},\\ \frac{\partial z}{\partial y}&=\frac{\partial z}{\partial u}\cdot\frac{\partial u}{\partial y}+\frac{\partial z}{\partial v}\cdot\frac{\partial v}{\partial y}.\end{aligned}\tag{7-13}$$

以上公式可以用下列方法来记忆：首先画出复合函数结构图，如要求 z 对 x 的偏导数 $\frac{\partial z}{\partial x}$，就找出因变量 z 通过中间变量到达自变量 x 的所有路径(如图 7-18 所示)，这里共有两条：一条是 $z\to u\to x$，另一条是 $z\to v\to x$，将每条路径上对应的偏导数分别相乘，就得到 $\frac{\partial z}{\partial u}\cdot\frac{\partial u}{\partial x}$ 和 $\frac{\partial z}{\partial v}\cdot\frac{\partial v}{\partial x}$，然后将它们相加就得到公式 $\frac{\partial z}{\partial x}=\frac{\partial z}{\partial u}\cdot\frac{\partial u}{\partial x}+\frac{\partial z}{\partial v}\cdot\frac{\partial v}{\partial x}$. 类似地，可以分析第二个公式.

图 7-17

图 7-18

总之，复合函数对某个自变量求偏导数时，中间变量有几

个，偏导数的计算公式中就有几项相加，其中的每一项都是因变量对中间变量的偏导数与中间变量对该自变量的偏导数的乘积形式. 因此，该求导法则也形象地叫作链式法则，并且这种通过函数结构图来直接得出复合函数的求导公式的方法具有一般性，在下面讨论的各种情形中都可以用这种方法来帮助记忆公式.

(1) 若 $z=f(u, v, w)$ 可微，且函数 $u=u(x, y)$，$v=v(x, y)$，$w=w(x, y)$ 的偏导数都存在，则如图 7-19 所示，其求导公式如下

$$\frac{\partial z}{\partial x}=\frac{\partial z}{\partial u}\cdot\frac{\partial u}{\partial x}+\frac{\partial z}{\partial v}\cdot\frac{\partial v}{\partial x}+\frac{\partial z}{\partial w}\cdot\frac{\partial w}{\partial x},$$
$$\frac{\partial z}{\partial y}=\frac{\partial z}{\partial u}\cdot\frac{\partial u}{\partial y}+\frac{\partial z}{\partial v}\cdot\frac{\partial v}{\partial y}+\frac{\partial z}{\partial w}\cdot\frac{\partial w}{\partial y}. \tag{7-14}$$

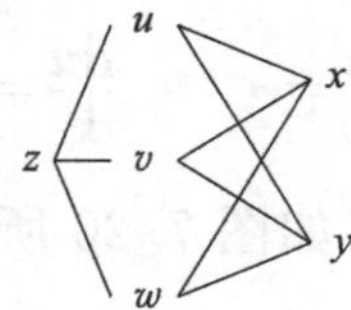

图 7-19

(2) 若 $z=f(u, v)$ 可微，且函数 $u=u(x)$，$v=v(x)$ 均可导，则复合函数 $z=f[u(x),v(x)]$ 就是关于 x 的一元函数，故

$$\frac{\mathrm{d}z}{\mathrm{d}x}=\frac{\partial z}{\partial u}\cdot\frac{\mathrm{d}u}{\mathrm{d}x}+\frac{\partial z}{\partial v}\cdot\frac{\mathrm{d}v}{\mathrm{d}x}, \tag{7-15}$$

这时，z 对 x 的导数又称为全导数(如图 7-20 所示).

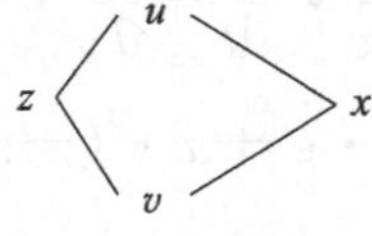

图 7-20

例 7-18　设 $z=u\ln v$，$u=3x-2y$，$v=3x+2y$，求偏导数 z_x 和 z_y.

解： $z_u=(u\ln v)_u=\ln v$，$z_v=(u\ln v)_v=\dfrac{u}{v}$；

$u_x=3$，$u_y=-2$，$v_x=3$，$v_y=2$.

由公式(7-13)，可得

$$\begin{aligned} z_x &= z_u \cdot u_x + z_v \cdot v_x \\ &= \ln v \cdot 3 + \frac{u}{v} \cdot 3 \\ &= \frac{3(3x-2y)}{3x+2y} + 3\ln(3x+2y), \\ z_y &= z_u \cdot u_y + z_v \cdot v_y \\ &= -2\ln v + \frac{2u}{v} \\ &= \frac{2(3x-2y)}{3x+2y} - 2\ln(3x+2y). \end{aligned}$$

例 7-19 设 $z=e^{u+v}$，$u=\sin x$，$v=\cos x$，求全导数$\frac{dz}{dx}$.

解： $\frac{\partial z}{\partial u}=e^{u+v}$，$\frac{\partial z}{\partial v}=e^{u+v}$，$\frac{du}{dx}=\cos x$，$\frac{dv}{dx}=-\sin x$，

由函数的复合结构图(如图 7-20 所示)，可得

$$\begin{aligned} \frac{dz}{dx} &= \frac{\partial z}{\partial u} \cdot \frac{du}{dx} + \frac{\partial z}{\partial v} \cdot \frac{dv}{dx} = e^{u+v}\cos x + e^{u+v}(-\sin x) \\ &= e^{\sin x+\cos x}(\cos x - \sin x). \end{aligned}$$

例 7-20 设 $z=xy+\sin t$，$x=e^t$，$y=\cos t$，求全导数$\frac{dz}{dt}$.

解： $\frac{\partial z}{\partial x}=y$，$\frac{\partial z}{\partial y}=x$，$\frac{\partial z}{\partial t}=\cos t$，$\frac{dx}{dt}=e^t$，$\frac{dy}{dt}=-\sin t$，

由函数的复合结构图(如图 7-21 所示)，可得

$$\begin{aligned} \frac{dz}{dt} &= \frac{\partial z}{\partial x} \cdot \frac{dx}{dt} + \frac{\partial z}{\partial y} \cdot \frac{dy}{dt} + \frac{\partial z}{\partial t} \cdot \frac{dt}{dt} \\ &= y \cdot e^t + x \cdot (-\sin t) + \cos t \cdot 1 \\ &= e^t\cos t - e^t\sin t + \cos t \\ &= e^t(\cos t - \sin t) + \cos t. \end{aligned}$$

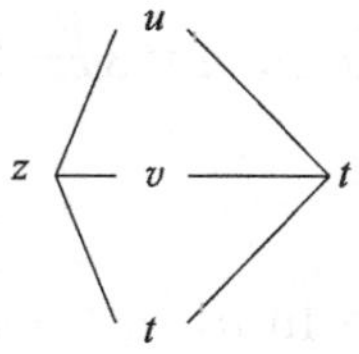

图 7-21

注： 这里$\frac{\mathrm{d}z}{\mathrm{d}t}$是表示复合后的函数$z=\mathrm{e}^t\cos t+\sin t$对自变量$t$的导数，而$\frac{\partial z}{\partial t}$则是表示外函数$z=xy+\sin t$(三元函数)对中间变量$t$的偏导数.

例 7-21　设$z=f(x+y,\ x-y)$，其中f具有二阶连续偏导数，求$\frac{\partial z}{\partial x}$及$\frac{\partial^2 z}{\partial x\partial y}$.

分析： 该复合函数可以看成由外函数$z=f(u,\ v)$和内函数$u=x+y$，$v=x-y$复合而成的. 为表达简便，我们引入记号

$$f_1'=f_u,\ f_2'=f_v,$$

其中的下标$i(i=1,\ 2)$表示f对第i个变量求偏导数. 类似地，有记号

$$f_{11}''=f_{uu},\ f_{12}''=f_{uv},\cdots.$$

注意到$f_1'=f_u(u,\ v)$，$f_{11}''=f_{uu}(u,\ v)$依然是复合函数，并且f_1'，f_{11}''和原来函数f的复合关系结构图类似(如图 7-22 所示).

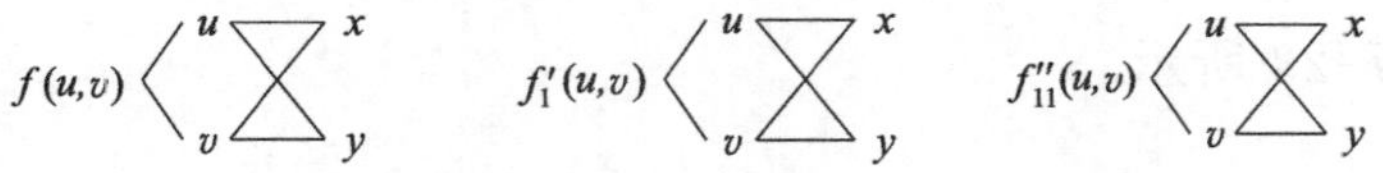

图 7-22

解： 由公式(7-13)，可得

$$\frac{\partial z}{\partial x}=f_1'\cdot(x+y)_x+f_2'\cdot(x-y)_x=f_1'+f_2',$$

再由函数的复合结构图 7-22，可得

$$\begin{aligned}\frac{\partial^2 z}{\partial x\partial y}&=\frac{\partial}{\partial y}(f_1'+f_2')=\frac{\partial}{\partial y}(f_1')+\frac{\partial}{\partial y}(f_2')\\&=[f_{11}''\cdot(x+y)_y+f_{12}''\cdot(x-y)_y]\\&\quad+[f_{21}''\cdot(x+y)_y+f_{22}''\cdot(x-y)_y]\\&=(f_{11}''-f_{12}'')+(f_{21}''-f_{22}'')\\&=f_{11}''-f_{22}''.\end{aligned}$$

注： 这里利用了$f_{12}''=f_{21}''$.

例 7-22　设$z=x+\varphi(x+y)$，其中φ具有二阶连续导数，

求$\dfrac{\partial z}{\partial x}$及$\dfrac{\partial^2 z}{\partial x \partial y}$.

解： $\dfrac{\partial z}{\partial x}=1+\varphi' \cdot (x+y)_x=1+\varphi'$,

$$\frac{\partial^2 z}{\partial x \partial y}=\frac{\partial}{\partial y}(1+\varphi')=\frac{\partial}{\partial y}(\varphi')=\varphi'' \cdot (x+y)_y=\varphi''.$$

7.4.2 隐函数求导

一般地说，方程 $F(x, y)=0$ 在一定条件下可以确定一个隐函数 $y=f(x)$，如果我们可以从方程中解出 y(用变量 x 来具体表示)，这样隐函数就可以化成显函数. 类似地，方程 $F(x, y, z)=0$ 在一定条件下可以确定一个二元隐函数 $z=f(x, y)$.

在隐函数存在且具有连续导数(或偏导数)的条件下，我们来推导利用偏导数计算隐函数导数的公式.

1. 由方程 $F(x, y)=0$ 所确定的隐函数 $y=f(x)$ 的求导公式

将 $y=f(x)$ 代入方程中得到恒等式 $F(x, f(x))\equiv 0$，注意方程左边的函数 $F(x, f(x))$ 是一个复合函数，其复合结构如图 7-23 所示.

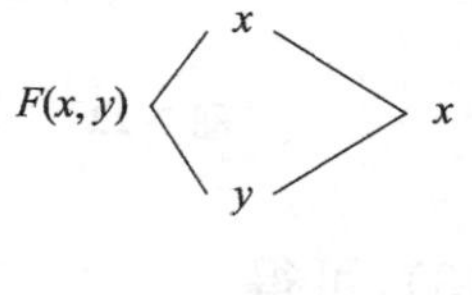

图 7-23

如果 $F_y \neq 0$，由恒等式 $F(x, f(x))\equiv 0$ 两边对 x 求导得

$$F_x+F_y \cdot \frac{\mathrm{d}y}{\mathrm{d}x}=0,$$

因此

$$\frac{\mathrm{d}y}{\mathrm{d}x}=-\frac{F_x}{F_y}. \tag{7-16}$$

例 7-23 设方程 $x^2+x+y=y^2$ 确定隐函数 $y=f(x)$，求$\dfrac{\mathrm{d}y}{\mathrm{d}x}$和$\dfrac{\mathrm{d}^2 y}{\mathrm{d}x^2}$.

解： 令 $F(x, y)=x^2+x+y-y^2$，则

$$F_x=2x+1, \quad F_y=1-2y,$$

所以，由公式(7-16)，可得

$$\frac{\mathrm{d}y}{\mathrm{d}x}=-\frac{F_x}{F_y}=-\frac{2x+1}{1-2y}=\frac{2x+1}{2y-1},$$

$$\begin{aligned}\frac{\mathrm{d}^2y}{\mathrm{d}x^2}&=\frac{\mathrm{d}}{\mathrm{d}x}\left(\frac{2x+1}{2y-1}\right)\\&=\frac{(2x+1)'(2y-1)-(2x+1)(2y-1)'}{(2y-1)^2}\\&=\frac{2(2y-1)-(2x+1)\cdot 2y'}{(2y-1)^2}\\&=\frac{2(2y-1)-(2x+1)\cdot 2\cdot\frac{2x+1}{2y-1}}{(2y-1)^2}\\&=\frac{2[(2y-1)^2-(2x+1)^2]}{(2y-1)^3}=\frac{8(y+x)(y-x-1)}{(2y-1)^3}.\end{aligned}$$

2. 由方程 $F(x,y,z)=0$ 所确定的隐函数 $z=f(x,y)$ 的求导公式

将 $z=f(x,y)$ 代入方程中得到恒等式 $F(x,y,f(x,y))\equiv 0$，注意方程左边的函数 $F(x,y,f(x,y))$ 是一个复合函数，其复合结构如图 7-24 所示.

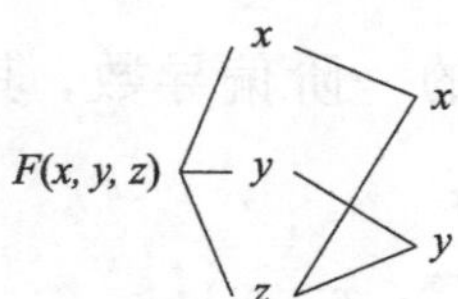

图 7-24

如果 $F_z\neq 0$，由恒等式 $F(x,y,f(x,y))\equiv 0$ 两边分别对 x 和对 y 求偏导数得

$$F_x\cdot 1+F_y\cdot 0+F_z\cdot\frac{\partial z}{\partial x}=0,$$

$$F_x\cdot 0+F_y\cdot 1+F_z\cdot\frac{\partial z}{\partial y}=0,$$

可得

$$\frac{\partial z}{\partial x}=-\frac{F_x}{F_z},\ \frac{\partial z}{\partial y}=-\frac{F_y}{F_z}. \tag{7-17}$$

例 7-24　设方程 $x^2+y^2-2z^2=2$ 确定隐函数 $z=f(x,y)$，求 z_x，z_y 和 z_{xy}.

解：令 $F(x,y,z)=x^2+y^2-2z^2-2$，则

$$F_x=2x,\ F_y=2y,\ F_z=-4z,$$

从而由公式(7-17)，可得

$$z_x=-\frac{F_x}{F_z}=-\frac{2x}{-4z}=\frac{x}{2z},\ z_y=-\frac{F_y}{F_z}=-\frac{2y}{-4z}=\frac{y}{2z},$$

$$z_{xy}=\frac{\partial}{\partial y}\left(\frac{x}{2z}\right)=\frac{x}{2}\cdot\frac{\partial}{\partial y}\left(\frac{1}{z}\right)=\frac{x}{2}\left(-\frac{1}{z^2}\right)z_y=\frac{x}{2}\cdot\frac{-1}{z^2}\cdot\frac{y}{2z}=-\frac{xy}{4z^3}.$$

习题 7-4

1. 设 $z=uv^2$，而 $u=\sin x$，$v=\cos x$，求$\frac{\mathrm{d}z}{\mathrm{d}x}$.

2. 设 $z=\mathrm{e}^{x-2y}$，而 $x=2t^3$，$y=3t^2$，求$\frac{\mathrm{d}z}{\mathrm{d}t}$.

3. 设 $z=\ln(\mathrm{e}^x+y)$，而 $x=uv$，$y=u-v$，求 z_u 与 z_v.

4. 设 $z=\mathrm{e}^u\sin v$，$u=x^2$，$v=x+y$，求 z_x 与 z_y.

5. 求下列函数的一阶偏导数，其中 f 具有一阶连续偏导数，φ 具有连续导数：

(1) $z=f(\mathrm{e}^{x+y},\ x-y)$；

(2) $z=f(\frac{y}{x},\ \frac{x}{y})$；

(3) $z=x\varphi(x+y)$.

6. 设 $z=f(x+2y,\ x-y)$，f 具有二阶连续偏导数，求 z_{xx}，z_{xy}和 z_{yy}.

7. 设 $2xy+2x+y=1$，求$\frac{\mathrm{d}y}{\mathrm{d}x}$.

8. 设 $x\mathrm{e}^{xy}=2$，求$\frac{\mathrm{d}y}{\mathrm{d}x}$和$\frac{\mathrm{d}^2y}{\mathrm{d}x^2}$.

9. 设 $xyz+x+y-z=0$，求 z_x，z_y.

10. 设 $xz-yz^2=1$，求 z_x，z_y 和 z_{xy}.

11. 设 $z-y=x\varphi(z)$，φ 具有连续导数，求 z_x，z_y.

7.5　多元函数极值

与一元函数的情形类似，多元函数的极值问题是多元函数微分学的重要应用. 本节以二元函数为例，先讨论二元函数极值，再讨论有界闭区域上二元连续函数的最大值与最小值问题，最后研究二元函数的条件极值.

7.5.1　二元函数的极值

定义 6　设函数 $z=f(x, y)$ 在点 $P_0(a, b)$ 的某邻域 $U(P_0)$ 内有定义. 若对于任意一点 $P(x, y)\in \mathring{U}(P_0)$ 总有 $f(x, y)<f(a, b)$，则称 $f(a, b)$ 是函数 $z=f(x, y)$ 的极大值，并称点 (a, b) 为函数的极大值点；若对于任意一点 $P(x, y)\in \mathring{U}(P_0)$ 总有 $f(x, y)>f(a, b)$，则称 $f(a, b)$ 是函数 $z=f(x, y)$ 的极小值，并称点 (a, b) 为函数的极小值点.

函数的极大值与极小值统称为**极值**，极大值点与极小值点统称为**极值点**.

例如，函数 $z=x^2+y^2+1$ 在点 $O(0, 0)$ 处取得极小值 $z(0, 0)=1$（如图 7-25 所示）；而函数 $z=2-\sqrt{x^2+y^2}$ 在点 $O(0, 0)$ 处取得极大值 $z(0, 0)=2$（如图 7-26 所示）；但函数 $z=xy$ 在点 $O(0, 0)$ 处不能取得极值，这是因为在点 $O(0, 0)$ 处函数值为零，而在点 O 的任意一个邻域内总可找到正的和负的函数值.

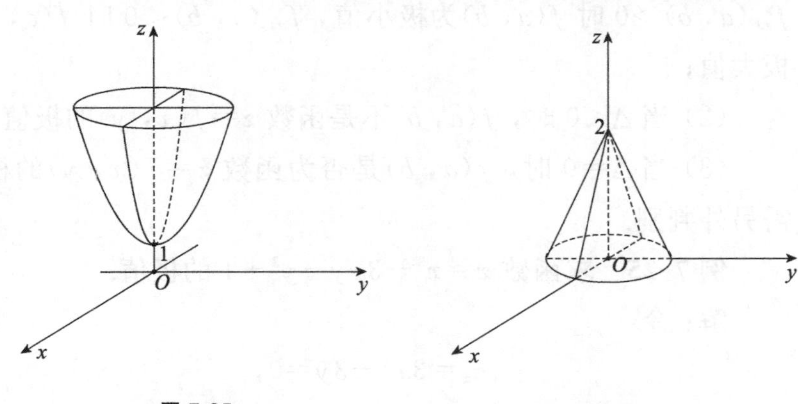

图 7-25　　　　图 7-26

定理 4(极值的必要条件) 若函数 $z=f(x, y)$ 在点 (a, b) 处取得极值，且在该点处的偏导数都存在，则有

$$f_x(a, b)=0, \quad f_y(a, b)=0,$$

同时成立.

使函数的各偏导数同时为 0 的点，称为函数的**驻点**. 若求函数 $z=f(x, y)$ 的驻点，只要通过求解方程组

$$\begin{cases} f_x(x, y)=0, \\ f_y(x, y)=0 \end{cases} \tag{7-18}$$

即可.

定理 4 指出，偏导数存在的函数的极值点必然是函数的驻点. 如函数 $z=x^2+y^2+1$ 在极小值点 $(0, 0)$ 处，$z_x(0, 0)=z_y(0, 0)=0$，这时极小值点 $(0, 0)$ 也是函数的驻点. 我们还要指出，函数的极值点也可能偏导数不存在，如函数 $z=2-\sqrt{x^2+y^2}$ 在极大值点 $(0, 0)$ 处的两个偏导数都不存在.

但是,函数的驻点和偏导数不存在的点也不一定是函数的极值点.

定理 5(极值的充分条件) 设函数 $z=f(x, y)$ 在点 (a, b) 的某邻域内具有二阶连续偏导数，且 $f_x(a, b)=0$，$f_y(a, b)=0$(即点 (a, b) 为函数的驻点)，记

$$\Delta=\begin{vmatrix} f_{xx} & f_{xy} \\ f_{xy} & f_{yy} \end{vmatrix}_{(a, b)}=f_{xx}(a, b)f_{yy}(a, b)-f_{xy}^2(a, b),$$

则：

(1) 当 $\Delta>0$ 时，$f(a, b)$ 是函数 $z=f(x, y)$ 的极值，且 $f_{xx}(a, b)>0$ 时 $f(a, b)$ 为极小值，$f_{xx}(a, b)<0$ 时 $f(a, b)$ 为极大值；

(2) 当 $\Delta<0$ 时，$f(a, b)$ 不是函数 $z=f(x, y)$ 的极值；

(3) 当 $\Delta=0$ 时，$f(a, b)$ 是否为函数 $z=f(x, y)$ 的极值，需另外判别.

例 7-25 求函数 $z=x^3-3xy-y^3+1$ 的极值.

解：令

$$\begin{cases} z_x=3x^2-3y=0, \\ z_y=-3x-3y^2=0, \end{cases}$$

求得驻点(0, 0)和(−1, 1). 由于 $z_{xx}=6x$, $z_{xy}=-3$, $z_{yy}=-6y$, 因此

$$\Delta=\begin{vmatrix} z_{xx} & z_{xy} \\ z_{xy} & z_{yy} \end{vmatrix}=z_{xx}z_{yy}-z_{xy}^2=-36xy-9,$$

列表分析如下：

驻点	$\Delta=-36xy-9$	$z_{xx}=6x$	极值情况
(0, 0)	$\Delta=-9<0$	$z_{xx}=0$	无极值
(−1, 1)	$\Delta=27>0$	$z_{xx}=-6<0$	极大值 $z(-1, 1)=2$

因此，函数在点(−1, 1)处取得极大值 $z(-1, 1)=2$.

例 7-26　求函数 $z=e^x(x+y^2+1)$ 的极值.

解： 容易计算 $z_x=e^x(x+y^2+1)+e^x=e^x(x+y^2+2)$, $z_y=2ye^x$, 令

$$\begin{cases} z_x=e^x(x+y^2+2)=0, \\ z_y=2ye^x=0, \end{cases}$$

解得驻点(−2, 0). 由于 $z_{xx}=e^x(x+y^2+3)$, $z_{xy}=2ye^x$, $z_{yy}=2e^x$, 因此，在驻点(−2, 0)处

$$\Delta=z_{xx}z_{yy}-z_{xy}^2=e^{-2}\cdot 2e^{-2}-0=2e^{-4}>0,\ 且\ z_{xx}=e^{-2}>0,$$

所以，函数在点(−2, 0)处取得极小值 $z(-2, 0)=-e^{-2}$.

一般地，求二元函数 $z=f(x, y)$ 的极值的步骤如下：

(1) 求出函数的所有一阶、二阶偏导数；

(2) 令 $z_x=z_y=0$，求出函数的驻点 (a, b)(可能有多个)；

(3) 在每个驻点处计算 Δ 的值，若 $\Delta>0$，则函数取得极值，再根据 z_{xx} 的符号判定是极大值还是极小值；若 $\Delta<0$，则函数在该驻点处不能取得极值. 若有多个驻点，则可以用列表分析.

7.5.2　二元函数的最大值和最小值

有很多应用问题，在数学上可以归结为求某个函数的最值问题. 我们把这个函数称为目标函数，目标函数的自变量称为决策变量.

假设函数 $z=f(x, y)$ 在区域 D 内可微(D 可以是有界或无

界的开区域、闭区域或半开区域)，且函数在 D 内仅有唯一驻点$P_0(a, b)$. 若 $f(a, b)$是函数的极大(小)值，则 $f(a, b)$就是函数在 D 上的最大(小)值.

在实际应用时，若根据问题的实际意义可以断定函数的最大值(最小值)一定在 D 内取得，而函数在 D 内仅有唯一驻点 $P_0(a, b)$，则可以肯定 $f(a, b)$就是函数在 D 上的最大值(最小值).

例 7-27 要用铁皮做一个容积为 8m^3 的有盖长方体储物箱，问当长、宽、高各为多少时，才能使所用材料最省?

解: 设长方体的长、宽分别为 x 和 y(单位: m)，则其高为 $\frac{8}{xy}$. 长方体的表面积为

$$S=2\left(xy+y\cdot\frac{8}{xy}+x\cdot\frac{8}{xy}\right)=2xy+\frac{16}{x}+\frac{16}{y}\quad(x>0,\ y>0).$$

问题是要使所用材料最省，即为求目标函数 $S=S(x, y)$在其定义域 $D=\{(x, y)\,|\,x>0,\ y>0\}$内的最小值. 令

$$\begin{cases} S_x=2y-\dfrac{16}{x^2}=0, \\ S_y=2x-\dfrac{16}{y^2}=0, \end{cases}$$

得唯一驻点(2, 2).

根据问题的实际意义，S 的最小值一定存在且在 D 内取得，又目标函数在 D 内仅有唯一驻点(2, 2)，故函数在该驻点处取得最小值$S(2, 2)=24$，这时长方体的长、宽、高均为 2m.

若函数 $z=f(x, y)$在有界闭区域 D 上连续，在 D 内可微且有有限个驻点，则函数在 D 上存在最小值和最大值. 函数的最大(小)值可能在 D 内的驻点处取得，也可能在 D 的边界上取得，可以用如下方法来求最大(小)值:

(1) 先求出函数在 D 内的驻点，并计算在诸驻点处的函数值;

(2) 求出函数在 D 的边界上的最大(小)值;

(3) 比较函数在诸驻点处的函数值和函数在 D 的边界上的最大(小)值，其中最大(小)者就是函数在 D 上的最大(小)值.

例 7-28 求函数 $z=4x^2-y^2$ 在闭区域 $D=\{(x, y)\,|\,x^2+$

$y^2 \leqslant 4\}$上的最大值与最小值.

解：当 $x^2+y^2<4$ 时，令

$$\begin{cases} z_x=8x=0, \\ z_y=-2y=0, \end{cases}$$

得函数在 D 内的驻点$(0, 0)$，且 $z(0, 0)=0$.

当 $x^2+y^2=4$ 时，注意到 $-2\leqslant x\leqslant 2$，这时

$$z=4x^2-y^2=4x^2-(4-x^2)=5x^2-4,$$

易得函数 z 在∂D上的最大值为 16，最小值为 -4. 比较函数在驻点处的函数值和边界上的最大值与最小值可知，函数在 D 上的最大值为 16，最小值为 -4.

7.5.3　条件极值与拉格朗日乘数法

前面讨论的极值问题中，目标函数 $z=f(x, y)$的自变量可以在其定义域内自由取值，x 与 y 是相互独立的，没有附加任何相互制约的条件，这类极值称为**无条件极值**.

但是有时函数的两个自变量还要满足一定的条件 $\varphi(x, y)=0$(称为约束条件)，这类附加约束条件的极值称为**条件极值**. 一些简单的条件极值问题，可以通过代入法化为无条件极值来求解.

例如，设函数 $z=f(x, y)=\dfrac{1}{xy}+8x+8y$ 定义在区域 $D=\{(x, y)\,|\,x>0, y>0\}$上，求函数 $z=f(x, y)$在条件 $2x-y=0$ 下的极值.

我们用代入法来求解：由约束条件 $2x-y=0$ 解出 $y=2x$，再代入目标函数 $z=f(x, y)$中，问题转化为求函数 $z=\dfrac{1}{2x^2}+24x(x>0)$的无条件极值. 具体求解请读者自行完成.

下面介绍的**拉格朗日乘数法**是一种直接求条件极值的方法. 具体地说，欲求目标函数 $z=f(x, y)$在约束条件 $\varphi(x, y)=0$ 下的极值，一般步骤如下：

(1) 构造辅助函数

$$L(x, y, \lambda)=f(x, y)+\lambda\varphi(x, y),$$

该函数称为**拉格朗日函数**，其中 λ 叫作**拉格朗日乘子**；

(2) 求出拉格朗日函数的驻点，即解方程组

$$\begin{cases}L_x=f_x(x,\ y)+\lambda\varphi_x(x,\ y)=0,\\L_y=f_y(x,\ y)+\lambda\varphi_y(x,\ y)=0,\\L_\lambda=\varphi(x,\ y)=0,\end{cases}$$

得到 x，y 和 λ（λ 也可不解出）；

(3) 上面解得的 $(x,\ y)$ 就是函数 $z=f(x,\ y)$ 在约束条件 $\varphi(x,\ y)=0$ 下的可能极值点. 至于它是否为极值点，是极大值点还是极小值点，在应用问题中一般可由实际情况来加以判定.

对于三元函数的条件极值问题，依然可使用拉格朗日乘数法. 例如，欲求目标函数 $u=f(x,\ y,\ z)$ 在约束条件 $\varphi(x,\ y,\ z)=0$ 下的极值，可以构造拉格朗日函数

$$L(x,\ y,\ z,\ \lambda)=f(x,\ y,\ z)+\lambda\varphi(x,\ y,\ z).$$

然后求出拉格朗日函数的驻点，即令其所有一阶偏导数为零并解方程组. 这样解得的 $(x,\ y,\ z)$ 就是函数 $u=f(x,\ y,\ z)$ 在约束条件下的可能极值点，最后判定是否为极值点.

例 7-29 求函数 $z=x+y$ 在约束条件 $x^2+y^2=2$ 下的最小值和最大值.

解：构造拉格朗日函数

$$L(x,\ y,\ \lambda)=x+y+\lambda(x^2+y^2-2),$$

令

$$\begin{cases}L_x=1+2x\lambda=0,\\L_y=1+2y\lambda=0,\\L_\lambda=x^2+y^2-2=0,\end{cases}$$

由前两个方程得 $x=y$，代入第三个方程解得，$x=y=-1$ 或 $x=y=1$. 所以点 $(-1,\ -1)$ 和点 $(1,\ 1)$ 是两个可能的极值点，计算得 $z(-1,\ -1)=-2$，$z(1,\ 1)=2$.

依题意，函数的最大值和最小值都是存在的，因此就在这两点处取得. 故所求函数的最小值和最大值分别为 $z(-1,\ -1)=-2$ 和 $z(1,\ 1)=2$.

例 7-30 在抛物线 $y=x^2$ 上求一点，使它与直线 $x-y-2=0$

的距离最短.

解：设(x, y)为抛物线上任意一点，则有$y=x^2$，它与直线$x-y-2=0$的距离是$d=\frac{|x-y-2|}{\sqrt{2}}$. 问题转化为求目标函数$2d^2=(x-y-2)^2$在条件$y=x^2$下的最小值.

令

$$L(x, y, \lambda)=(x-y-2)^2+\lambda(x^2-y),$$

解方程组

$$\begin{cases}L_x=2(x-y-2)+2x\lambda=0,\\L_y=-2(x-y-2)-\lambda=0,\\L_\lambda=x^2-y=0,\end{cases}$$

得$x=\frac{1}{2}$，$y=\frac{1}{4}$.

由问题的实际意义，$2d^2$及d的最小值均存在，故所求的最短距离为

$$d=\frac{1}{\sqrt{2}}\left|\frac{1}{2}-\frac{1}{4}-2\right|=\frac{7}{8}\sqrt{2}.$$

下面利用拉格朗日乘数法求解本节例7-27.

例7-31 要用铁皮做一个容积为8m^3的有盖长方体储物箱，用拉格朗日乘数法求解：当长、宽、高各为多少时，才能使所用材料最省？

解：设长方体的长、宽、高分别为x，y，z，则$xyz=8$. 长方体的表面积为

$$S=2(xy+yz+zx) \quad (x>0, y>0, z>0).$$

要使所用材料最省，即求目标函数$S=S(x, y, z)$在约束条件$xyz=8$下的最小值.

构造拉格朗日函数

$$L(x, y, z, \lambda)=2(xy+yz+zx)+\lambda(xyz-8),$$

令

$$\begin{cases}L_x=2(y+z)+yz\lambda=0,\\L_y=2(x+z)+xz\lambda=0,\\L_z=2(x+y)+xy\lambda=0,\\L_\lambda=xyz-8=0,\end{cases}$$

由前三个方程得$\frac{y+z}{yz}=\frac{x+z}{xz}=\frac{x+y}{xy}=-\frac{1}{2}\lambda$，因此有 $x=y=z$，再代入最后一个方程，解得$x=y=z=2$.

所以点(2，2，2)是唯一的可能极值点. 又根据问题的实际意义，S 的最小值一定存在，故函数在该点处取得最小值 $S(2,2,2)=24\mathrm{m}^2$，这时长方体的长、宽、高均为 2m.

习题 7-5

1. 求下列函数的极值：

   (1) $z=x^2+xy+y^2+3x$；

   (2) $z=x^3-4x^2+2xy-y^2$；

   (3) $z=\mathrm{e}^{2y}(x^2+2x+y)$.

2. 求函数 $z=x+2y$ 在约束条件 $x^2+y^2=5$ 下的极值.

3. 求抛物线 $x=4y^2$ 与直线 $x-y+4=0$ 之间的最短距离.

4. 要造一个容积为定值 V 的长方体游泳池，应如何选择泳池的尺寸，才能使其表面积最小.

5. 某小区欲建造一个长方体敞口蓄水池，要求水池的宽度和深度相同. 已知池壁与池底的单位面积造价分别为 $6a$ 元和 $5a$ 元，建造经费为 $144a$ 元. 问水池的长度和宽度各多少，才能使容积最大？

第8章 二重积分

定积分是一个特定的和式的极限，该和式是由一个定义在闭区间上的一元函数构造得出的. 我们将这种和式的极限的概念推广到定义在平面有界闭区域上的二元函数的情形，此即二重积分. 本章首先给出二重积分的概念及性质，再讨论直角坐标系下二重积分的计算，最后给出极坐标下二重积分的计算.

8.1 二重积分的概念与性质

与一元函数定积分概念类似，本节将通过分析曲顶柱体体积近似计算，引入二重积分的定义，然后再讨论二重积分具有的性质.

8.1.1 二重积分的定义

先看一个关于曲顶柱体体积计算的具体问题.

设有一个立体，其底面是 xOy 平面上的有界闭区域 D，侧面垂直于底面，顶是曲面 $z=f(x, y)$ $((x, y)\in D$，$f(x, y)\geqslant 0$ 且连续)，这种立体称为曲顶柱体(如图 8-1 所示).

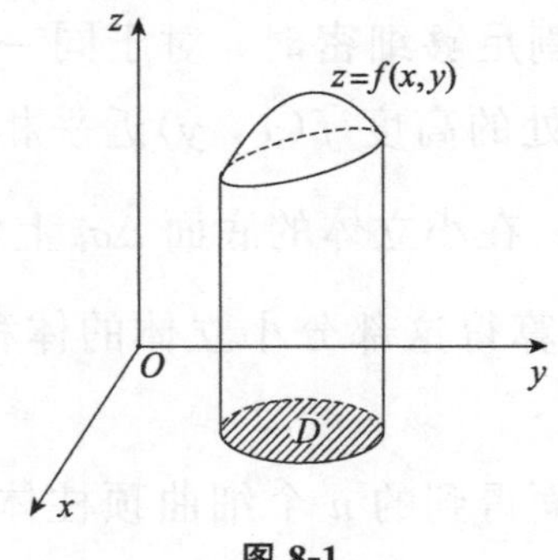

图 8-1

我们知道，平顶柱体的体积等于底面积与高的乘积. 那么，如何求曲顶柱体的体积呢？

如果有一捆竖直放置在桌面上的筷子，我们只要计算出每根筷子的体积，累加即可得到整捆筷子的总体积. 同样的道理，只要将曲顶柱体剖成一些细的柱条，计算每个柱条的体积，累加就可以得到曲顶柱体的总体积. 与第 4 章中求曲边梯形面积的方法类似，我们也通过“分割、近似、求和、取极限”的方法求曲顶柱体的体积.

分割：用任意一组曲线网来分割闭区域 D(见图 8-2)，将它分成 n 个小闭区域：$\Delta\sigma_1$，$\Delta\sigma_2$，…，$\Delta\sigma_n$，$\Delta\sigma_i$($i=1$, 2, …, n)表示相应小区域的面积. 我们将这个步骤称为对区域 D 的一种分割. 以这些小闭区域为底，作侧面垂直于底面的柱体，把原来的曲顶柱体分成 n 个细曲顶柱体，也就是说原来的曲顶柱体可以看成是由这些小立体堆放一起组成的.

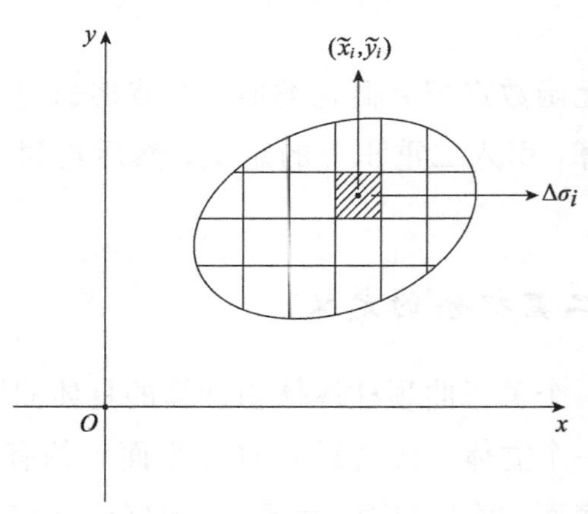

图 8-2

近似：当分割足够细密时，对于同一个小立体来说，底面上不同点(x, y)处的高度 $f(x, y)$近乎相等，可以将小立体近似看成平顶柱体. 在小立体的底面 $\Delta\sigma_i$ 上任取一点$(\widetilde{x_i}, \widetilde{y_i})$，以 $f(\widetilde{x_i}, \widetilde{y_i})$为高计算得这部分小立体的体积近似等于 $f(\widetilde{x_i}, \widetilde{y_i})\Delta\sigma_i$(见图 8-3).

求和：将上面得到的 n 个细曲顶柱体的近似体积累加，得到曲顶柱体体积的近似值为 $\sum_{i=1}^{n} f(\widetilde{x_i}, \widetilde{y_i})\Delta\sigma_i$，这个和式也叫作**积分和**.

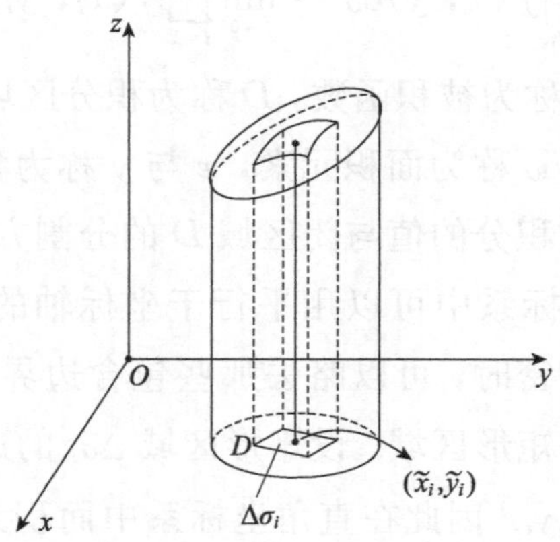

图 8-3

但是这个积分和与曲顶柱体体积的真实值是有误差的. 为减少误差，可以加密分割. 要消除误差，则须无限细分. 正所谓：割之弥细，所失弥少；割之又割，以至于不可割，则合体而无所失矣. 这种无限分割法就是极限思想的具体体现.

取极限：现在设所有小闭区域直径(小闭区域的直径是指区域上任意两点间的最大距离)的最大值为 λ，并令 λ 趋于零(就是对区域 D 进行无限细密的分割)，取上述积分和式的极限，自然地将这个极限定义为所求的曲顶柱体的体积，即

$$V = \lim_{\lambda \to 0} \sum_{i=1}^{n} f(\widetilde{x_i}, \widetilde{y_i})\Delta\sigma_i.$$

实际生活中，还有很多几何量、经济量和物理量的计算都可以归结为计算这种和式的极限，我们撇开具体的背景，从中抽象出二重积分的概念.

定义 1 设 $f(x, y)$是定义在有界闭区域 D 上的有界函数. 如果积分和的极限

$$J = \lim_{\lambda \to 0} \sum_{i=1}^{n} f(\widetilde{x_i}, \widetilde{y_i})\Delta\sigma_i$$

总存在，并且该极限值与闭区域 D 的分割方法以及点$(\widetilde{x_i}, \widetilde{y_i})$的取法均无关. 我们称这个极限 J 为函数 $f(x, y)$在闭区域 D

上的**二重积分**，记作 $\iint\limits_D f(x, y)\mathrm{d}\sigma$，即

$$\iint\limits_D f(x, y)\mathrm{d}\sigma = \lim_{\lambda\to 0}\sum_{i=1}^{n} f(\widetilde{x_i}, \widetilde{y_i})\Delta\sigma_i,$$

其中 $f(x, y)$称为被积函数，D 称为积分区域，$f(x, y)\mathrm{d}\sigma$ 称为被积表达式，$\mathrm{d}\sigma$ 称为面积元素，x 与 y 称为积分变量.

由于二重积分的值与闭区域 D 的分割方法无关，为方便计算，在直角坐标系中可以用平行于坐标轴的直线网来分割 D. 当分割无限加密时，可以略去那些包含边界点的小闭区域，其他小区域都是矩形区域. 设矩形区域 $\Delta\sigma_i$ 的边长为 Δx_k 和 Δy_l，则 $\Delta\sigma_i=\Delta x_k\Delta y_l$. 因此在直角坐标系中面积元素可以写成 $\mathrm{d}\sigma=\mathrm{d}x\mathrm{d}y$，这时二重积分也可以写成

$$\iint\limits_D f(x, y)\mathrm{d}x\mathrm{d}y.$$

我们不加证明地指出，若 $f(x, y)$在有界闭区域 D 上连续，则其积分和的极限一定存在，即二重积分 $\iint\limits_D f(x, y)\mathrm{d}\sigma$ 一定存在. 本书以后总假定函数 $f(x, y)$在有界闭区域 D 上连续.

8.1.2 二重积分的几何意义

根据二重积分的定义，上面提到的曲顶柱体体积 V 可以表示成 $\iint\limits_D f(x, y)\mathrm{d}\sigma$. 一般地说，当 $f(x, y)\geqslant 0$ 时，$\iint\limits_D f(x, y)\mathrm{d}\sigma=V$；当 $f(x, y)\leqslant 0$ 时，$\iint\limits_D f(x, y)\mathrm{d}\sigma=-V$. 若 $f(x, y)$ 只在部分区域上是非负的，而在其他部分区域上是负的，相应于这两部分区域的部分立体体积依次记作 V_1 和 V_2，则 $\iint\limits_D f(x, y)\mathrm{d}\sigma = V_1 - V_2$. 换言之，$f(x, y)$ 在闭区域 D 上的二重积分等于分布在 D 上的柱体体积的代数和，这就是二重积分的几何意义.

8.1.3 二重积分的性质

与定积分的性质类似，这里，我们简述二重积分的若干性

质如下.

1. 二重积分的线性性质

设 k_1，k_2 为常数，则

$$\iint\limits_D [k_1 f(x, y) + k_2 g(x, y)] \mathrm{d}\sigma = k_1 \iint\limits_D f(x, y) \mathrm{d}\sigma + k_2 \iint\limits_D g(x, y) \mathrm{d}\sigma.$$

2. 二重积分对积分区域具有可加性

设闭区域 $D=D_1+D_2$（D_1 与 D_2 均为闭区域且没有公共内点），则

$$\iint\limits_D f(x, y) \mathrm{d}\sigma = \iint\limits_{D_1} f(x, y) \mathrm{d}\sigma + \iint\limits_{D_2} f(x, y) \mathrm{d}\sigma.$$

3. 常函数的二重积分公式

$$\iint\limits_D k \, \mathrm{d}\sigma = k\sigma,$$

其中 σ 表示 D 的面积.

特别地，有 $\iint\limits_D \mathrm{d}\sigma = \sigma$. 该性质的几何意义是明显的.

4. 二重积分的不等式

设 $f(x, y) \geqslant g(x, y)$ （$(x, y) \in D$），则有

$$\iint\limits_D f(x, y) \mathrm{d}\sigma \geqslant \iint\limits_D g(x, y) \mathrm{d}\sigma.$$

由此还可得到

$$\iint\limits_D |f(x, y)| \mathrm{d}\sigma \geqslant \left| \iint\limits_D f(x, y) \mathrm{d}\sigma \right|.$$

特别地，若 $f(x, y) \geqslant 0$（$(x, y) \in D$），则

$$\iint\limits_D f(x, y) \mathrm{d}\sigma \geqslant 0.$$

5. 二重积分的估值

若在闭区域 D 上，有 $m \leqslant f(x, y) \leqslant M$，$\sigma$ 表示 D 的面积，则

$$m\sigma \leqslant \iint\limits_D f(x, y) \mathrm{d}\sigma \leqslant M\sigma.$$

特别地，若 m，M 分别为 $f(x, y)$ 在 D 上的最小值和最大值，上式依然成立.

6. 二重积分的中值定理

设 $f(x, y)$在 D 上连续，σ 表示 D 的面积，则存在一点$(\xi, \eta)\in D$ 使得

$$\iint\limits_D f(x, y)\mathrm{d}\sigma = f(\xi, \eta)\sigma.$$

从几何意义上说，如果 $f(x, y)$在 D 上连续且非负，我们可以适当选取一个高度 $f(\xi, \eta)$，使得曲顶柱体的体积 V 恰等于 $f(\xi, \eta)\sigma$，也就是说，可以将曲顶柱体当成以 $f(\xi, \eta)$为高的平顶柱体来计算体积. 这时，也称 $f(\xi, \eta)$是曲顶柱体的平均高度.

习题 8-1

1. 设 $D=\{(x, y)\,|\,|x|\leqslant 1, |y|\leqslant 1\}$，$D_1=\{(x, y)\,|\,0\leqslant x\leqslant 1, 0\leqslant y\leqslant 1\}$，利用二重积分的几何意义说明下列等式：

(1) $\iint\limits_D xy^2\mathrm{d}\sigma = 0$；　　(2) $\iint\limits_D x^2y^2\mathrm{d}\sigma = 4\iint\limits_{D_1} x^2y^2\mathrm{d}\sigma$；

(3) $\iint\limits_D (2x+y^2)\mathrm{d}\sigma = 4\iint\limits_{D_1} y^2\mathrm{d}\sigma$.

2. 设 D 是由 x 轴，y 轴和直线 $x+y=1$ 所围成的平面闭区域，比较二重积分 $I_1=\iint\limits_D (x+y)\mathrm{d}\sigma$ 与 $I_2=\iint\limits_D (x+y)^2\mathrm{d}\sigma$ 的大小.

3. 设 $D=\{(x, y)\,|\,x^2+y^2\leqslant 1\}$，利用二重积分的性质说明

$$\pi\leqslant\iint\limits_D (x^2+y^2+1)\mathrm{d}\sigma\leqslant 2\pi.$$

8.2　直角坐标系下计算二重积分

本节我们讨论二重积分 $\iint\limits_D f(x, y)\mathrm{d}\sigma$ 化成二次积分来计算的方法，并且总假定被积函数 $f(x, y)$在有界闭区域 D 上连续.

这里，要特别提醒读者：积分次序的合理选择是保证二重积分计算过程简捷正确的关键.

8.2.1 矩形区域上二重积分的计算

先看下面的例子：

设积分区域$D=\{(x,y)\mid 1\leqslant x\leqslant 2,0\leqslant y\leqslant 2\}$，我们用几何方法来计算二重积分$\iint\limits_D(18-2x-3y^2)\mathrm{d}\sigma$.

注意到在闭区域D上，有$f(x,y)=18-2x-3y^2\geqslant 0$. 由二重积分的几何意义，可得

$$\iint\limits_D(18-2x-3y^2)\mathrm{d}\sigma$$

的值等于以D为底，以曲面$z=18-2x-3y^2$为顶的曲顶柱体的体积V，即

$$\iint\limits_D(18-2x-3y^2)\,\mathrm{d}\sigma=V.$$

我们利用定积分知识来求该立体的体积. 如图8-4所示，对于每个固定的$x\in[1,2]$，过点$(x,0,0)$作垂直于x轴的平面与该立体相交，得一曲边梯形截面，其曲边是平面曲线$z=18-2x-3y^2$ ($0\leqslant y\leqslant 2$，x是固定的). 设此截面面积为$A(x)$ ($1\leqslant x\leqslant 2$)，由定积分的几何意义，可得

$$A(x)=\int_0^2(18-2x-3y^2)\mathrm{d}y.$$

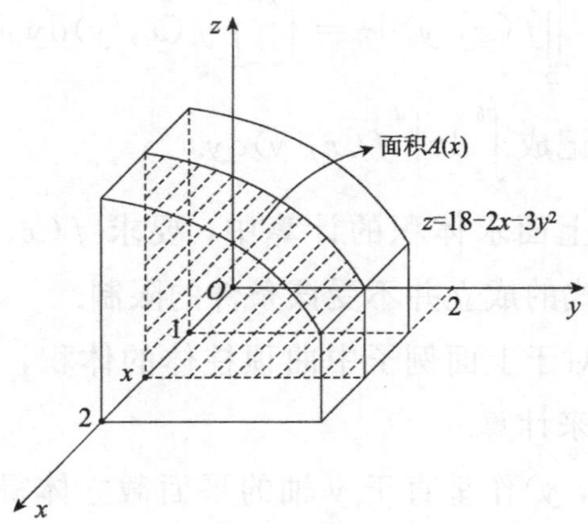

图 8-4

再由定积分元素法，可得该立体体积

$$V=\int_1^2 A(x)\mathrm{d}x=\int_1^2\left[\int_0^2(18-2x-3y^2)\mathrm{d}y\right]\mathrm{d}x.$$

上式右边的积分称为先对 y 后对 x 的二次积分. 这样就得到

$$\iint_D(18-2x-3y^2)\mathrm{d}\sigma=\int_1^2\left[\int_0^2(18-2x-3y^2)\mathrm{d}y\right]\mathrm{d}x.$$

上面二次积分的计算次序是：把 x 看成常数，先计算内层积分 $\int_0^2(18-2x-3y^2)\mathrm{d}y$，其中积分变量是 y，计算结果是一个 x 的函数；然后以 x 为积分变量，在区间[1, 2]上对前面计算结果计算定积分，最终得到的结果是一个数值. 具体计算过程如下：

$$\begin{aligned}\iint_D(18-2x-3y^2)\mathrm{d}\sigma&=\int_1^2\left[\int_0^2(18-2x-3y^2)\mathrm{d}y\right]\mathrm{d}x\\&=\int_1^2\left[(18-2x)y-y^3\right]_0^2\mathrm{d}x\\&=\int_1^2(28-4x)\mathrm{d}x\\&=\left[28x-2x^2\right]_1^2\\&=22.\end{aligned}$$

一般地说，若积分区域是矩形 $D=\{(x, y)\mid a\leqslant x\leqslant b, c\leqslant y\leqslant d\}$，则二重积分可以化成先对 y 后对 x 的二次积分形式

$$\iint_D f(x, y)\mathrm{d}\sigma=\int_a^b\left[\int_c^d f(x, y)\mathrm{d}y\right]\mathrm{d}x, \tag{8-1}$$

这个积分也记成 $\int_a^b\mathrm{d}x\int_c^d f(x, y)\mathrm{d}y$.

虽然在上面求体积的计算中，要求 $f(x, y)\geqslant 0$，但实际上，上述公式的成立并不受该条件的限制.

另外，对于上面例子中曲顶柱体的体积，我们还可以采用另一种方法来计算.

过点(0, y)作垂直于 y 轴的平面截立体得截面，设截面面积为 $A(y)(0\leqslant y\leqslant 2)$，则体积 $V=\int_0^2 A(y)\mathrm{d}y$. 对于每个固定的

$y\in[0, 2]$，截面的图形是一个曲边梯形，曲边是平面曲线$z=18-2x-3y^2(1\leqslant x\leqslant 2$，$y$ 是固定的)，截面面积为

$$A(y)=\int_1^2(18-2x-3y^2)\mathrm{d}x.$$

在计算这个积分时，要把 y 看成是常数. 因此

$$V=\int_0^2 A(y)\mathrm{d}y=\int_0^2\left[\int_1^2(18-2x-3y^2)\mathrm{d}x\right]\mathrm{d}y.$$

上式右边的积分称为先对 x 后对 y 的二次积分. 这样就得出

$$\iint_D(18-2x-3y^2)\mathrm{d}\sigma=\int_0^2\left[\int_1^2(18-2x-3y^2)\mathrm{d}x\right]\mathrm{d}y.$$

在计算二次积分时，同样要注意从内到外的积分次序. 先求得内层积分的结果为一个 y 的函数，再求得外层积分的结果为常数，即

$$\begin{aligned}\iint_D(18-2x-3y^2)\mathrm{d}\sigma&=\int_0^2\left[\int_1^2(18-2x-3y^2)\mathrm{d}x\right]\mathrm{d}y\\&=\int_0^2\left[(18-3y^2)x-x^2\right]_1^2\mathrm{d}y\\&=\int_0^2(15-3y^2)\mathrm{d}y\\&=\left[15y-y^3\right]_0^2=22.\end{aligned}$$

一般地说，若积分区域是矩形 $D=\{(x, y)\mid a\leqslant x\leqslant b, c\leqslant y\leqslant d\}$，则二重积分也可以化成先对 x 后对 y 的二次积分形式

$$\iint_D f(x, y)\mathrm{d}\sigma=\int_c^d\left[\int_a^b f(x, y)\mathrm{d}x\right]\mathrm{d}y, \tag{8-2}$$

这个积分也记成 $\int_c^d\mathrm{d}y\int_a^b f(x, y)\mathrm{d}x$.

我们把上面的结论用下面定理的形式给出：

定理 1 如果积分区域是矩形 $D=\{(x, y)\mid a\leqslant x\leqslant b, c\leqslant y\leqslant d\}$，二重积分可以化成先对 y 后对 x 的二次积分，也可以化成先对 x 后对 y 的二次积分，即

$$\iint_D f(x, y)\mathrm{d}\sigma=\int_a^b\mathrm{d}x\int_c^d f(x, y)\mathrm{d}y=\int_c^d\mathrm{d}y\int_a^b f(x, y)\mathrm{d}x. \tag{8-3}$$

例 8-1 计算二重积分$\iint\limits_D (x+1)y\mathrm{d}\sigma$，其中 $D=\{(x,y)\mid -1\leqslant x\leqslant 1,0\leqslant y\leqslant 2\}$.

解：我们可以选择将二重积分化成先对 y 后对 x 的二次积分来进行计算，即

$$\begin{aligned}\iint\limits_D (x+1)y\mathrm{d}\sigma &= \int_{-1}^{1}\mathrm{d}x\int_0^2 (x+1)y\mathrm{d}y \\ &= \frac{1}{2}\int_{-1}^{1}\left[(x+1)y^2\right]_0^2\mathrm{d}x \\ &= \int_{-1}^{1}2(x+1)\mathrm{d}x \\ &= \left[(x+1)^2\right]_{-1}^{1} = 4.\end{aligned}$$

我们还可以选择将二重积分化成先对 x 后对 y 的二次积分来进行计算，即

$$\begin{aligned}\iint\limits_D (x+1)y\mathrm{d}\sigma &= \int_0^2\mathrm{d}y\int_{-1}^{1}(x+1)y\mathrm{d}x = \frac{1}{2}\int_0^2\left[(x+1)^2y\right]_{-1}^{1}\mathrm{d}y \\ &= \int_0^2 2y\mathrm{d}y = \left[y^2\right]_0^2 = 4.\end{aligned}$$

例 8-2 计算二重积分$\iint\limits_D y\cos(xy)\mathrm{d}\sigma$，其中 $D=\left\{(x,y)\mid 0\leqslant x\leqslant 2,0\leqslant y\leqslant \frac{\pi}{2}\right\}$.

解：本题选择将二重积分化成先对 x 后对 y 的二次积分来进行计算要更方便些，即

$$\begin{aligned}\iint\limits_D y\cos(xy)\mathrm{d}\sigma &= \int_0^{\frac{\pi}{2}}\mathrm{d}y\int_0^2 y\cos(xy)\mathrm{d}x \\ &= \int_0^{\frac{\pi}{2}}\left[\sin(xy)\right]_0^2\mathrm{d}y = \int_0^{\frac{\pi}{2}}(\sin 2y-0)\mathrm{d}y \\ &= \int_0^{\frac{\pi}{2}}\sin 2y\mathrm{d}y = -\frac{1}{2}\left[\cos 2y\right]_0^{\frac{\pi}{2}} \\ &= -\frac{1}{2}(\cos\pi-\cos 0) \\ &= -\frac{1}{2}\times(-1-1) = 1.\end{aligned}$$

8.2.2 一般区域上二重积分的计算

先介绍平面区域的两种基本类型：X 型区域和 Y 型区域.

区域 $D=\{(x, y) \mid a \leqslant x \leqslant b, y_1(x) \leqslant y \leqslant y_2(x)\}$ 表示由两条直线 $x=a$ 和 $x=b$，以及两条曲线 $y=y_1(x)$ 和 $y=y_2(x)$ 所围成的平面区域，称区域 D 为 X 型区域（如图 8-5 所示）. 这种区域的特点是：以垂直于 x 轴的直线 $x=x_0(a<x_0<b)$ 穿过区域 D 的内部，直线与区域 D 的边界至多交于两点.

区域 $D=\{(x, y) \mid c \leqslant y \leqslant d, x_1(y) \leqslant x \leqslant x_2(y)\}$ 表示由两条直线 $y=c$ 和 $y=d$，以及两条曲线 $x=x_1(y)$ 和 $x=x_2(y)$ 所围成的平面区域，称区域 D 为 Y 型区域（如图 8-6 所示）. 这种区域的特点是：以垂直于 y 轴的直线 $y=y_0(c<y_0<d)$ 穿过区域 D 的内部，直线与区域 D 的边界至多交于两点.

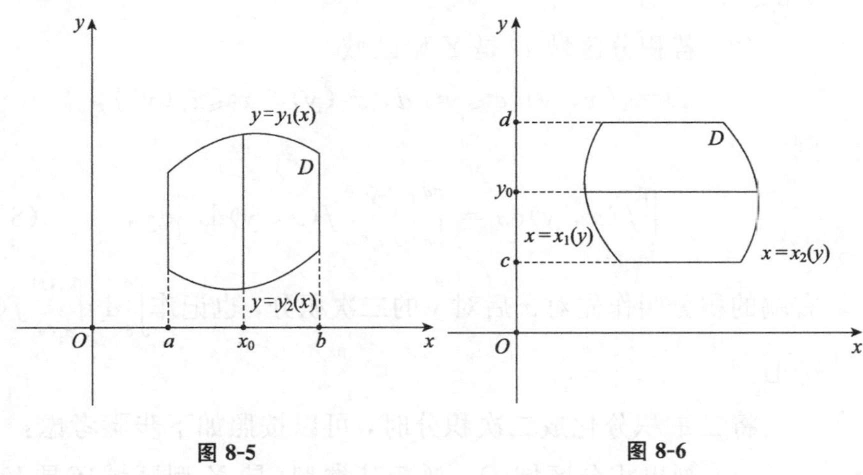

图 8-5　　图 8-6

一般的平面区域（如图 8-7 所示）可以适当分割成若干部分，使得每部分都是 X 型区域或 Y 型区域. 由于二重积分对积分区域具有可加性，因此一般区域上的二重积分的计算可以归结为积分区域是 X 型区域和 Y 型区域的二重积分的计算.

我们不加证明地给出以下定理：

定理 2 (1) 若积分区域 D 是 X 型区域

$$D=\{(x, y) \mid a \leqslant x \leqslant b, y_1(x) \leqslant y \leqslant y_2(x)\},$$

则

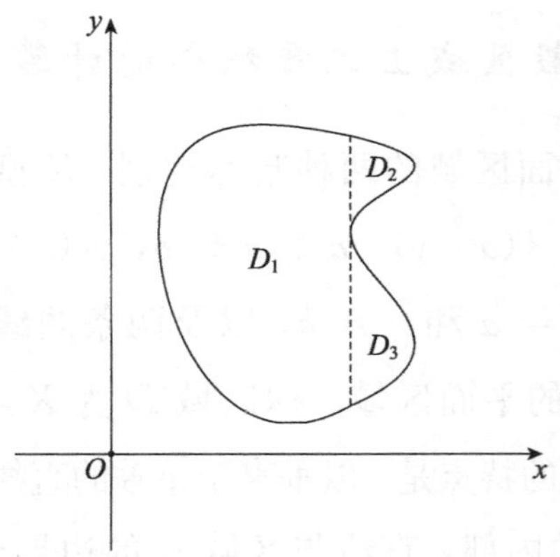

图 8-7

$$\iint_D f(x, y)\mathrm{d}\sigma = \int_a^b \left[\int_{y_1(x)}^{y_2(x)} f(x, y)\mathrm{d}y\right]\mathrm{d}x, \tag{8-4}$$

右端的积分叫作先对 y 后对 x 的二次积分，也记作$\int_a^b \mathrm{d}x\int_{y_1(x)}^{y_2(x)} f(x, y)\mathrm{d}y$.

(2) 若积分区域 D 是 Y 型区域

$$D=\{(x, y)\mid c\leqslant y\leqslant d, x_1(y)\leqslant x\leqslant x_2(y)\},$$

则

$$\iint_D f(x, y)\mathrm{d}\sigma = \int_c^d \left[\int_{x_1(y)}^{x_2(y)} f(x, y)\mathrm{d}x\right]\mathrm{d}y, \tag{8-5}$$

右端的积分叫作先对 x 后对 y 的二次积分，也记作$\int_c^d \mathrm{d}y\int_{x_1(y)}^{x_2(y)} f(x, y)\mathrm{d}x$.

将二重积分化成二次积分时，可以按照如下步骤考虑：

(1) 画出积分区域 D，判断其类型(是 X 型区域还是 Y 型区域)，并用不等式组将区域 D 表示出来.

(2) 选择恰当的积分次序. 如果 D 是 X 型区域，二重积分化成先对 y 后对 x 的二次积分$\int_\square^\square \mathrm{d}x\int_\square^\square f(x, y)\mathrm{d}y$；如果 D 是 Y 型区域，二重积分化成先对 x 后对 y 的二次积分$\int_\square^\square \mathrm{d}y\int_\square^\square f(x, y)\mathrm{d}x$.

然后根据第一步得到的不等式组确定二次积分中的积分限，并填入上面二次积分形式中的各方框□内. 注意，这里积分下限要小于积分上限.

(3) 计算二次积分的值，先内后外逐步计算. 例如，计算 $\int_a^b dx\int_{y_1(x)}^{y_2(x)} f(x, y)dy$ 时，要先计算 $\int_{y_1(x)}^{y_2(x)} f(x, y)dy$，这里积分变量是 y，因此要暂时视 x 为常数，求得 $\int_{y_1(x)}^{y_2(x)} f(x, y)dy=\varphi(x)$. 最后计算定积分 $\int_a^b \varphi(x)dx$，便得到二次积分的值. 类似地，可计算 $\int_c^d dy\int_{x_1(y)}^{x_2(y)} f(x, y)dx$.

例 8-3 计算 $\iint\limits_D 8xy\,dxdy$，其中 D 是由直线 $x=2$，$y=1$ 及 $y=x$ 所围成的闭区域.

解: 画出积分区域 D 的图形(如图 8-8 所示)，这个区域可以看成是一个 X 型区域. 区域 D 在 x 轴上的投影区间为[1，2]，即 D 上的点的横坐标的变化范围是 $1\leqslant x\leqslant 2$. 在此区间内任取一点 x，过点$(x, 0)$作垂直于 x 轴的直线穿过区域 D，与 D 的下边界和上边界的交点的纵坐标分别为 $y=1$ 和 $y=x$，由此确定出 $1\leqslant y\leqslant x$. 因此，区域 D 可以用不等式组表示为 $\begin{cases}1\leqslant x\leqslant 2,\\ 1\leqslant y\leqslant x,\end{cases}$ 故

$$\begin{aligned}\iint\limits_D 8xy\,dxdy &= \int_1^2 dx\int_1^x 8xy\,dy=\int_1^2\left[4xy^2\right]_1^x dx\\ &=\int_1^2(4x^3-4x)dx\\ &=\left[x^4-2x^2\right]_1^2\\ &=8-(-1)=9.\end{aligned}$$

另解: 画出积分区域 D 的图形，该区域可以看成是一个 Y 型区域(如图 8-9 所示). 区域 D 在 y 轴上的投影区间为[1，2]，即 D 上的点的纵坐标的变化范围是 $1\leqslant y\leqslant 2$. 在此区间内任取一点 y，过点$(0, y)$作垂直于 y 轴的直线穿过区域 D，与 D 的左边界和右边界的交点的横坐标分别为 $x=y$ 和 $x=2$，由此确定出 $y\leqslant x\leqslant 2$. 因此，区域 D 可以用不等式组表示为 $\begin{cases}1\leqslant y\leqslant 2,\\ y\leqslant x\leqslant 2,\end{cases}$ 故

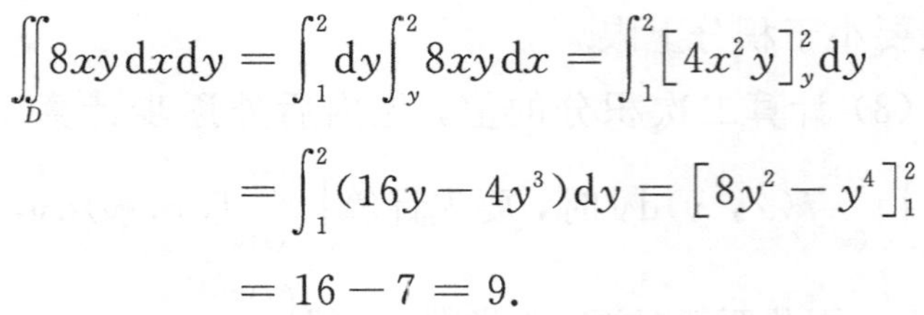

$$\iint_D 8xy\,dx\,dy = \int_1^2 dy\int_y^2 8xy\,dx = \int_1^2 \left[4x^2y\right]_y^2 dy$$
$$= \int_1^2 (16y - 4y^3)\,dy = \left[8y^2 - y^4\right]_1^2$$
$$= 16 - 7 = 9.$$

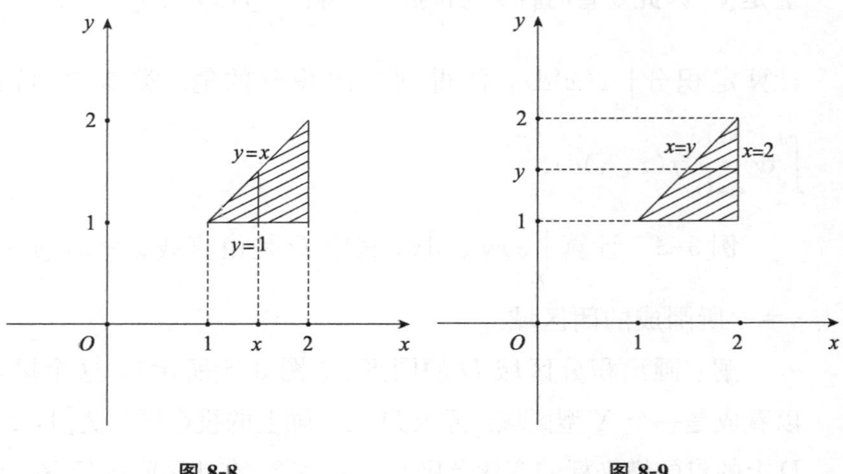

图 8-8　　图 8-9

总结：如果 D 是 X 型区域，先将区域 D 投影到 x 轴上得到投影区间 $[a, b]$，确定出 $a \leqslant x \leqslant b$；在此区间内任意一条垂直于 x 轴的直线与区域 D 的边界交于上、下各一点，由此确定上、下边界曲线的方程 $y = y_2(x)$ 和 $y = y_1(x)$，就可得到 $y_1(x) \leqslant y \leqslant y_2(x)$. 这样，区域 D 可以用不等式组表示为

$$\begin{cases} a \leqslant x \leqslant b, \\ y_1(x) \leqslant y \leqslant y_2(x), \end{cases}$$

如果 D 是 Y 型区域，先将区域 D 投影到 y 轴上得到投影区间 $[c, d]$，确定出 $c \leqslant y \leqslant d$；在此区间内任意一条垂直于 y 轴的直线与区域 D 的边界交于左、右各一点，由此确定左、右边界曲线的方程 $x = x_1(y)$ 和 $x = x_2(y)$，就可得到 $x_1(y) \leqslant x \leqslant x_2(y)$. 这样，区域 D 可以用不等式组表示为

$$\begin{cases} c \leqslant y \leqslant d, \\ x_1(y) \leqslant x \leqslant x_2(y). \end{cases}$$

例 8-4　计算 $\iint_D (x + 2y)\,d\sigma$，其中 D 是由抛物线 $y = x^2$ 和直线 $y = 1$ 所围成的闭区域.

解：视积分区域 D（如图 8-10 所示）为 X 型区域：$\begin{cases}-1\leqslant x\leqslant 1,\\ x^2\leqslant y\leqslant 1,\end{cases}$ 则

$$\begin{aligned}\iint\limits_D (x+2y)\mathrm{d}\sigma &= \int_{-1}^{1}\mathrm{d}x\int_{x^2}^{1}(x+2y)\mathrm{d}y\\ &= \int_{-1}^{1}\left[xy+y^2\right]_{x^2}^{1}\mathrm{d}x\\ &= \int_{-1}^{1}(x+1-x^3-x^4)\mathrm{d}x\\ &= \int_{-1}^{1}(1-x^4)\mathrm{d}x\\ &= 2\int_{0}^{1}(1-x^4)\mathrm{d}x\\ &= 2\left[x-\frac{1}{5}x^5\right]_0^1=\frac{8}{5}.\end{aligned}$$

注：上述计算中我们利用了对称区间上奇偶函数性质.

例 8-5 计算 $\iint\limits_D y\,\mathrm{d}\sigma$，其中 D 是由抛物线 $y^2=x+2$ 和直线 $y=x$ 所围成的闭区域.

解：解方程组 $\begin{cases}y^2=x+2,\\ y=x,\end{cases}$ 得抛物线与直线的交点坐标为 $(-1,-1)$ 和 $(2,2)$，视积分区域 D（如图 8-11 所示）为 Y 型区域：$\begin{cases}-1\leqslant y\leqslant 2,\\ y^2-2\leqslant x\leqslant y,\end{cases}$ 则

$$\begin{aligned}\iint\limits_D y\,\mathrm{d}\sigma &= \int_{-1}^{2}\mathrm{d}y\int_{y^2-2}^{y}y\,\mathrm{d}x\\ &= \int_{-1}^{2}y(y-y^2+2)\mathrm{d}y\\ &= \left[\frac{1}{3}y^3-\frac{1}{4}y^4+y^2\right]_{-1}^{2}\\ &= \frac{9}{4}.\end{aligned}$$

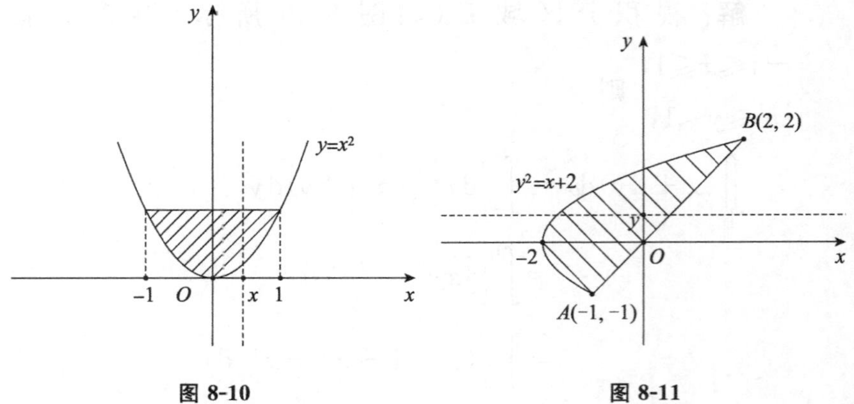

图 8-10　　　　图 8-11

例 8-6　交换二次积分 $I=\int_0^1 \mathrm{d}y\int_y^1 \mathrm{e}^{x^2}\mathrm{d}x$ 的积分次序，并求其值.

解：该二次积分可以表示为二重积分 $\iint\limits_D \mathrm{e}^{x^2}\mathrm{d}\sigma$，其中积分区域 D(如图 8-12 所示)为 Y 型区域：$\begin{cases}0\leqslant y\leqslant 1,\\ y\leqslant x\leqslant 1,\end{cases}$ 积分区域 D 也可以看成 X 型区域：$\begin{cases}0\leqslant x\leqslant 1,\\ 0\leqslant y\leqslant x,\end{cases}$ 这样二重积分就可以化成先对 y 后对 x 的二次积分. 因此

$$
\begin{aligned}
I &= \int_0^1 \mathrm{d}y\int_y^1 \mathrm{e}^{x^2}\mathrm{d}x=\iint\limits_D \mathrm{e}^{x^2}\mathrm{d}\sigma=\int_0^1 \mathrm{d}x\int_0^x \mathrm{e}^{x^2}\mathrm{d}y \\
&= \int_0^1 x\mathrm{e}^{x^2}\mathrm{d}x=\frac{1}{2}\left[\mathrm{e}^{x^2}\right]_0^1 \\
&= \frac{1}{2}(\mathrm{e}-1).
\end{aligned}
$$

例 8-7　计算 $\iint\limits_D |y-x|\,\mathrm{d}\sigma$，其中 $D=\{(x,y)\mid 0\leqslant x\leqslant 1,\ 0\leqslant y\leqslant 1\}$.

解：直线 $y=x$ 将区域 D 分成 D_1 和 D_2 两部分(如图 8-13 所示)，其中

$$
D_1:\begin{cases}0\leqslant x\leqslant 1,\\ x\leqslant y\leqslant 1,\end{cases}\qquad D_2:\begin{cases}0\leqslant x\leqslant 1,\\ 0\leqslant y\leqslant x.\end{cases}
$$

因此

$$\begin{aligned}
\iint_D |y-x|\,d\sigma &= \iint_{D_1} |y-x|\,d\sigma + \iint_{D_2} |y-x|\,d\sigma \\
&= \iint_{D_1} (y-x)\,d\sigma + \iint_{D_2} (x-y)\,d\sigma \\
&= \int_0^1 dx \int_x^1 (y-x)\,dy + \int_0^1 dx \int_0^x (x-y)\,dy \\
&= \int_0^1 \left[\frac{1}{2}y^2 - yx\right]_x^1 dx + \int_0^1 \left[yx - \frac{1}{2}y^2\right]_0^x dx \\
&= \int_0^1 \left(\frac{1}{2}x^2 - x + \frac{1}{2}\right) dx + \int_0^1 \frac{x^2}{2}\,dx \\
&= \left[\frac{1}{6}x^3 - \frac{1}{2}x^2 + \frac{1}{2}x\right]_0^1 + \frac{1}{6}\left[x^3\right]_0^1 = \frac{1}{3}.
\end{aligned}$$

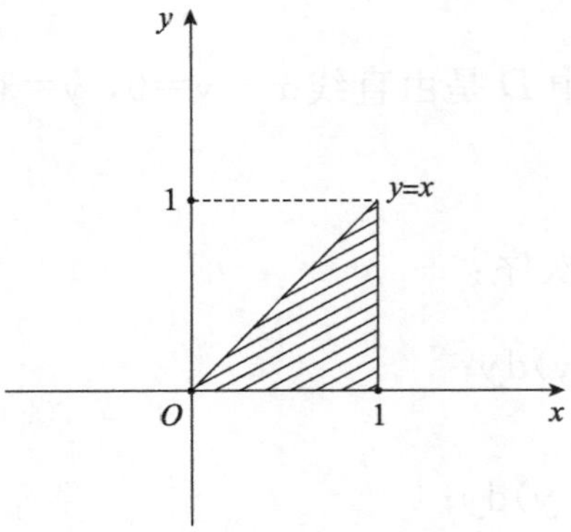

图 8-12

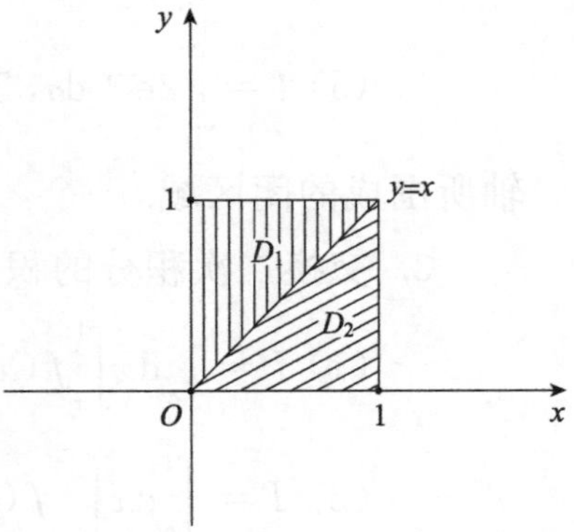

图 8-13

习题 8-2

1. 计算下列二重积分：

(1) $I=\iint_D (4-x-2y)\,d\sigma$，其中 $D=\{(x,\ y)\,|\,0\leqslant x\leqslant 2,\ 0\leqslant y\leqslant 1\}$；

(2) $I=\iint_D (xy+y^2)\,d\sigma$，其中 $D=\{(x,\ y)\,|\,-1\leqslant x\leqslant 1,\ 1\leqslant y\leqslant 2\}$；

(3) $I=\iint_D y e^{xy}\,d\sigma$，其中 $D=\{(x,\ y)\,|\,0\leqslant x\leqslant 2,\ 0\leqslant y\leqslant 2\}$.

2. 计算下列二重积分：

(1) $I=\iint\limits_{D}(x+2y)\mathrm{d}\sigma$，其中 D 是由两条坐标轴和直线 $x+y=2$ 所围成的闭区域；

(2) $I=\iint\limits_{D}xy\mathrm{d}\sigma$，其中 D 是由抛物线 $y=x^2$，直线 $x+y=2$ 及 x 轴所围成的闭区域；

(3) $I=\iint\limits_{D}y\sqrt{x}\mathrm{d}\sigma$，其中 D 是由抛物线 $y=x^2$ 和 $y=\sqrt{x}$ 所围成的闭区域；

(4) $I=\iint\limits_{D}xy^2\mathrm{d}\sigma$，其中 $D=\{(x,y)\mid x^2+y^2\leqslant 4,x\geqslant 0\}$；

(5) $I=\iint\limits_{D}2\mathrm{e}^{-y^2}\mathrm{d}\sigma$，其中 D 是由直线 $x-y=0$，$y=1$ 及 y 轴所围成的闭区域.

3. 交换二次积分的积分次序：

(1) $I=\int_0^1\mathrm{d}x\int_x^1 f(x,y)\mathrm{d}y$；

(2) $I=\int_0^1\mathrm{d}x\int_x^{\sqrt{x}} f(x,y)\mathrm{d}y$；

(3) $I=\int_0^{\ln 2}\mathrm{d}y\int_{\mathrm{e}^y}^2 f(x,y)\mathrm{d}x$；

(4) $I=\int_0^4\mathrm{d}y\int_{\frac{1}{2}y}^{\sqrt{y}} f(x,y)\mathrm{d}x$；

(5) $I=\int_1^2\mathrm{d}x\int_1^x f(x,y)\mathrm{d}y+\int_2^4\mathrm{d}x\int_{\frac{1}{2}x}^2 f(x,y)\mathrm{d}y$；

(6) $I=\int_0^1\mathrm{d}y\int_y^{2-y} f(x,y)\mathrm{d}x$.

4. 设 $D=\{(x,y)\mid a\leqslant x\leqslant b,c\leqslant y\leqslant d\}$，证明

$$\iint\limits_{D}f(x)g(y)\mathrm{d}x\mathrm{d}y=\left[\int_a^b f(x)\mathrm{d}x\right]\left[\int_c^d g(y)\mathrm{d}y\right].$$

利用上面结论：

(1) 计算 $I=\iint\limits_{D}xy^2\mathrm{d}\sigma$，其中 $D=\{(x,y)\mid 1\leqslant x\leqslant 2,0\leqslant y\leqslant 2\}$；

(2) 设 $D=\{(x, y)|a\leqslant x\leqslant b, a\leqslant y\leqslant b\}$，证明

$$\left(\int_a^b f(x)\mathrm{d}x\right)^2=\iint_D f(x)f(y)\mathrm{d}x\mathrm{d}y.$$

8.3 利用极坐标计算二重积分

如果二重积分的积分区域是圆域(或圆域的一部分)，被积函数形如 $f(x^2+y^2)$ 或 $f\left(\dfrac{y}{x}\right)$，我们可以考虑利用极坐标来计算二重积分.

我们先介绍极坐标系下的一种平面区域：θ 型区域.

平面区域 $D=\{(r, \theta)|\alpha\leqslant\theta\leqslant\beta, r_1(\theta)\leqslant r\leqslant r_2(\theta)\}$ 叫作 θ 型区域(如图 8-14 所示). 若极点 $O\notin D$，则从极点出发的射线 $\theta=\theta_0(\alpha<\theta_0<\beta)$ 与 D 的边界至多交于两点.

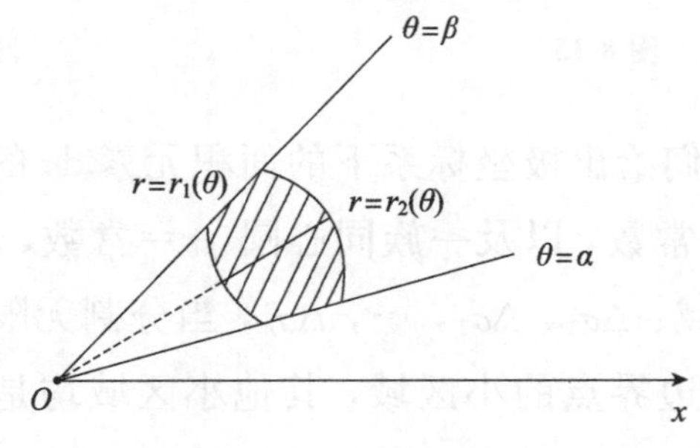

图 8-14

如果给定一个具备这种特点的区域图形，我们可以用如下方法确定 θ 和 r 的取值范围：

从极点出发引一条射线并沿逆时针方向旋转扫过区域 D，若射线接触和离开 D 时的极角分别为 α 和 β，则得到 $\alpha\leqslant\theta\leqslant\beta$；对于每个固定的 $\theta\in(\alpha, \beta)$，极角为 θ 的射线与 D 的边界交于两点，则按照与极点距离的远近，我们称较近的那点为靠内的边界点，较远的那点为靠外的边界点. 这样我们可以将区域 D 的内、外边界曲线用函数 $r=r_1(\theta)$ 和 $r=r_2(\theta)$ 表示出来，从而得到 $r_1(\theta)\leqslant r\leqslant r_2(\theta)$. 这样，区域 D 可以用不等式组表示为

$$\begin{cases} \alpha \leqslant \theta \leqslant \beta, \\ r_1(\theta) \leqslant r \leqslant r_2(\theta). \end{cases}$$

我们还要指出，区域

$$D_1 = \{(r,\ \theta) \mid \alpha \leqslant \theta \leqslant \beta,\ 0 \leqslant r \leqslant r(\theta)\}$$

和

$$D_2 = \{(r,\ \theta) \mid 0 \leqslant \theta \leqslant 2\pi,\ 0 \leqslant r \leqslant r(\theta)\}$$

也是 θ 型区域. D_1 的图形是一个曲边扇形，这时极点 O 是 D_1 的边界点(如图 8-15 所示)；区域 D_2 的图形是由闭曲线 $r=r(\theta)$ 围成的闭区域，这时极点 O 是 D_2 的内点(如图 8-16 所示).

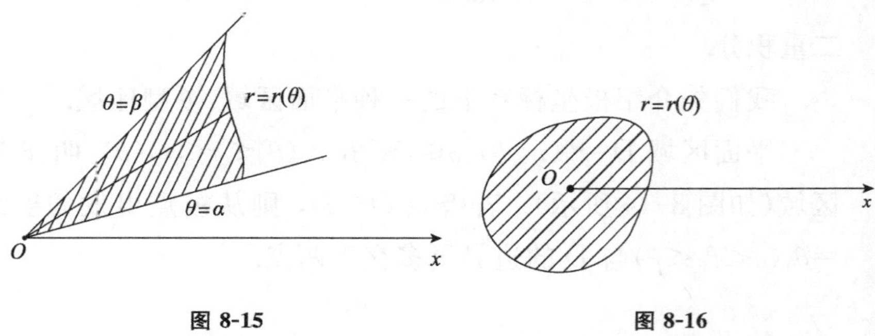

图 8-15　　　　图 8-16

下面我们给出极坐标系下的面积元素 $\mathrm{d}\sigma$ 的公式. 我们用一族射线：$\theta=$常数，以及一族同心圆：$r=$常数，将区域 D 分割成 n 个小闭区域：$\Delta\sigma_1$，$\Delta\sigma_2$，…，$\Delta\sigma_n$，当分割无限加密时，可以略去那些包含边界点的小区域，其他小区域均是扇环(如图 8-17 所示). 设扇环 $\Delta\sigma_i$ 的内、外半径分别为 r_i，r_{i+1}，所对圆心角为 $\Delta\theta_i$，又设 $\Delta r_i = r_{i+1} - r_i$，则 $\Delta\sigma_i$ 的面积

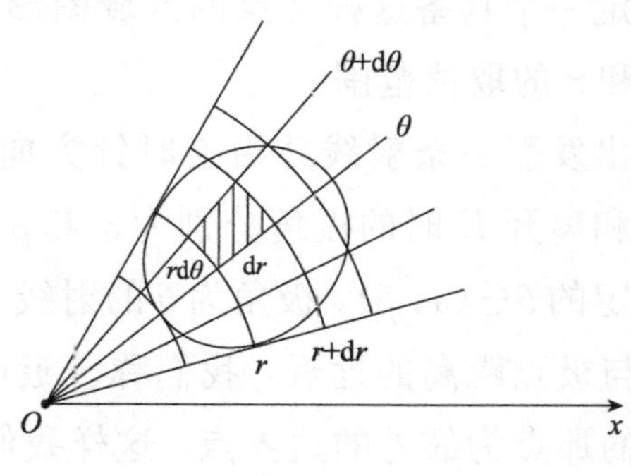

图 8-17

$$\Delta\sigma_i=\frac{1}{2}(r_i\Delta\theta_i+r_{i+1}\Delta\theta_i)\Delta r_i=\frac{1}{2}(r_i+r_{i+1})\Delta r_i\Delta\theta_i=\overline{r_i}\Delta r_i\Delta\theta_i,$$

这里$\overline{r_i}=\frac{1}{2}(r_i+r_{i+1})$表示扇环内、外半径的平均值. 当分割无限加密时，得到极坐标系下的面积元素 $\mathrm{d}\sigma=r\mathrm{d}r\mathrm{d}\theta$.

利用面积元素公式和坐标变换公式$\begin{cases}x=r\cos\theta,\\ y=r\sin\theta,\end{cases}$在极坐标系下可将二重积分化为

$$\iint\limits_D f(x,\ y)\mathrm{d}\sigma=\iint\limits_D f(r\cos\theta,\ r\sin\theta)r\mathrm{d}r\mathrm{d}\theta.$$

极坐标系下二重积分也可以化成二次积分来计算. 若积分区域 D 是 θ 型区域

$$D=\{(r,\ \theta)\mid\alpha\leqslant\theta\leqslant\beta,\ r_1(\theta)\leqslant r\leqslant r_2(\theta)\},$$

则

$$\begin{aligned}\iint\limits_D f(x,\ y)\mathrm{d}\sigma&=\iint\limits_D f(r\cos\theta,\ r\sin\theta)r\mathrm{d}r\mathrm{d}\theta\\&=\int_\alpha^\beta\Big[\int_{r_1(\theta)}^{r_2(\theta)}f(r\cos\theta,\ r\sin\theta)r\mathrm{d}r\Big]\mathrm{d}\theta\\&=\int_\alpha^\beta\mathrm{d}\theta\int_{r_1(\theta)}^{r_2(\theta)}f(r\cos\theta,\ r\sin\theta)r\mathrm{d}r.\end{aligned}$$

例 8-8 计算$\iint\limits_D \mathrm{e}^{-x^2-y^2}\mathrm{d}x\mathrm{d}y$，其中 D 是圆域 $x^2+y^2\leqslant 1$.

解：圆域 D 在极坐标系下表示为$\begin{cases}0\leqslant\theta\leqslant 2\pi,\\ 0\leqslant r\leqslant 1,\end{cases}$则

$$\begin{aligned}\iint\limits_D \mathrm{e}^{-x^2-y^2}\mathrm{d}x\mathrm{d}y&=\iint\limits_D \mathrm{e}^{-r^2}r\mathrm{d}r\mathrm{d}\theta=\int_0^{2\pi}\mathrm{d}\theta\int_0^1\mathrm{e}^{-r^2}r\mathrm{d}r\\&=2\pi\cdot\frac{-1}{2}\Big[\mathrm{e}^{-r^2}\Big]_0^1=\pi(1-\mathrm{e}^{-1}).\end{aligned}$$

例 8-9 计算以 xOy 面上的圆：$x^2+y^2\leqslant 4$ 为底，以旋转抛物面 $z=1+x^2+y^2$ 为顶的曲顶柱体的体积.

解：闭区域 D：$x^2+y^2\leqslant 4$(如图 8-18 所示)在极坐标系下可以表示为$\begin{cases}0\leqslant\theta\leqslant 2\pi,\\ 0\leqslant r\leqslant 2,\end{cases}$根据二重积分的几何意义，所求的柱体体积为

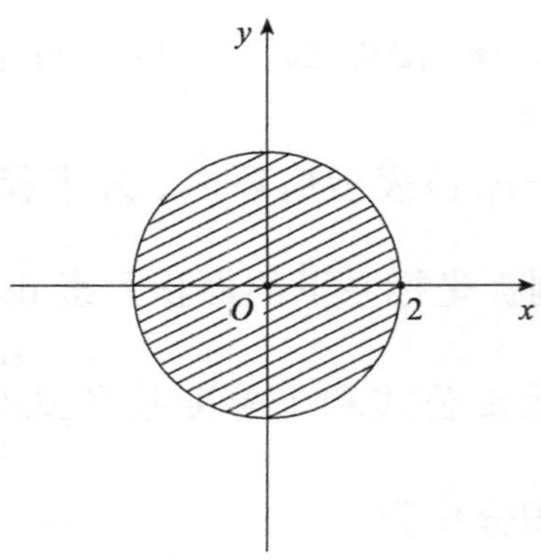

图 8-18

$$
\begin{aligned}
V &= \iint_D (1+x^2+y^2)\,\mathrm{d}x\mathrm{d}y \\
&= \iint_D (1+r^2) r\mathrm{d}r\mathrm{d}\theta \\
&= \int_0^{2\pi} \mathrm{d}\theta \int_0^2 (r^3+r)\,\mathrm{d}r \\
&= 2\pi\left[\frac{1}{4}r^4+\frac{1}{2}r^2\right]_0^2 = 12\pi.
\end{aligned}
$$

※最后，我们简单介绍无穷区域上的反常二重积分，这部分知识在概率统计中将会用到.

设函数 $f(x, y)$在无穷区域 D 上连续，有界闭区域 $E\subset D$，如果当 E 无限扩张且趋于 D 时，二重积分 $\iint_E f(x, y)\mathrm{d}\sigma$ 的值无限接近于固定常数 A，我们称 A 为函数 $f(x, y)$在无穷区域 D 上的反常二重积分，记作 $\iint_D f(x, y)\mathrm{d}\sigma = A$. 同时也称反常二重积分 $\iint_D f(x, y)\mathrm{d}\sigma$ 收敛.

与 5.6 节无穷限反常积分的计算类似，利用“二次积分＋取极限”的方式，我们举例说明这类反常二重积分的计算方法.

例 8-10 计算反常二重积分 $\iint_D 2\mathrm{e}^{-x}\mathrm{e}^{-y}\mathrm{d}x\mathrm{d}y$，其中 D 是由直线 $y=x$ 和 x 轴所围成的在第一象限内的角形区域.

解：设闭区域 E：$\begin{cases}0\leqslant x\leqslant a, \\ 0\leqslant y\leqslant x,\end{cases}$ 如图 8-19 所示. 令 $a\to+\infty$，

则有$E\to D$，从而

$$\iint_D 2e^{-x}e^{-y}dxdy=\lim_{a\to+\infty}\iint_E 2e^{-x}e^{-y}dxdy.$$

由于

$$\iint_E 2e^{-x}e^{-y}dxdy=\int_0^a dx\int_0^x 2e^{-x}e^{-y}dy=-2\int_0^a e^{-x}\left[e^{-y}\right]_0^x dx$$

$$=-2\int_0^a e^{-x}(e^{-x}-1)dx=2\int_0^a (e^{-x}-1)d(e^{-x}-1)$$

$$=\left[(e^{-x}-1)^2\right]_0^a=(e^{-a}-1)^2,$$

所以

$$\iint_D 2e^{-x}e^{-y}dxdy=\lim_{a\to+\infty}\iint_E 2e^{-x}e^{-y}dxdy$$

$$=\lim_{a\to+\infty}(e^{-a}-1)^2$$

$$=(\lim_{a\to+\infty}e^{-a}-1)^2=1.$$

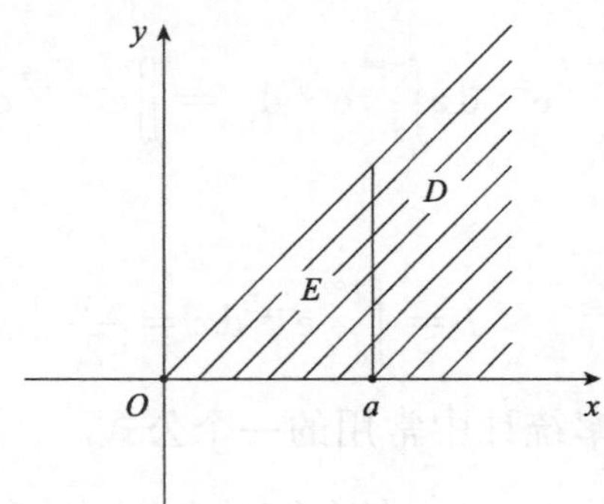

图 8-19

事实上，以上的计算过程常常也采用如下简洁的方式来表达：先将无穷区域表示为$\begin{cases}0\leqslant x<+\infty,\\0\leqslant y\leqslant x,\end{cases}$并视之为$X$型区域，则

$$\iint_D 2e^{-x}e^{-y}dxdy=\int_0^{+\infty}dx\int_0^x 2e^{-x}e^{-y}dy=-2\int_0^{+\infty}e^{-x}\left[e^{-y}\right]_0^x dx$$

$$=2\int_0^{+\infty}(e^{-x}-e^{-2x})dx=\left[-2e^{-x}+e^{-2x}\right]_0^{+\infty}$$

$$=\lim_{x\to+\infty}(-2e^{-x}+e^{-2x})-(-1)=1.$$

例 8-11　计算反常二重积分$\iint_D e^{-x^2-y^2}dxdy$，其中D是平面

位于第一象限的区域.

解：采用极坐标来计算. 区域 D(如图 8-20 所示)在极坐标下表示为

$$\begin{cases}0\leqslant r<+\infty,\\ 0\leqslant\theta\leqslant\dfrac{\pi}{2},\end{cases}$$

则

$$\begin{aligned}\iint_D e^{-x^2-y^2}dxdy&=\iint_D e^{-r^2}rdrd\theta=\int_0^{\frac{\pi}{2}}d\theta\int_0^{+\infty}e^{-r^2}rdr\\&=\frac{\pi}{2}\int_0^{+\infty}e^{-r^2}rdr=-\frac{\pi}{4}\left[e^{-r^2}\right]_0^{+\infty}\\&=-\frac{\pi}{4}\left(\lim_{r\to+\infty}e^{-r^2}-1\right)=\frac{\pi}{4}.\end{aligned}$$

设 $I=\int_0^{+\infty}e^{-x^2}dx$，则

$$I^2=\int_0^{+\infty}e^{-x^2}dx\int_0^{+\infty}e^{-y^2}dy=\iint_D e^{-x^2-y^2}dxdy=\frac{\pi}{4},$$

从而得到

$$I=\int_0^{+\infty}e^{-x^2}dx=\frac{\sqrt{\pi}}{2}.$$

这个积分是概率统计中常用的一个公式.

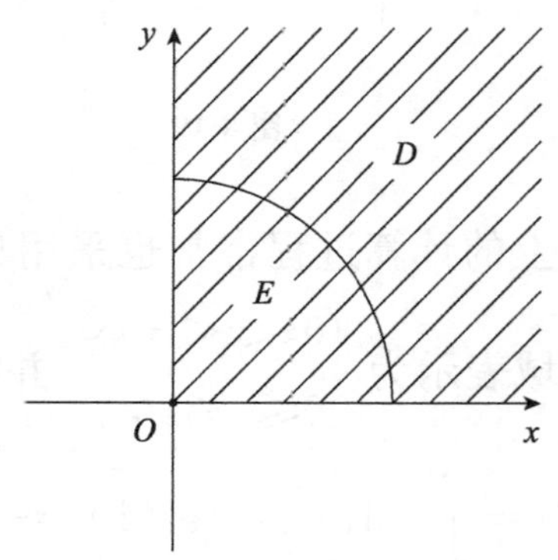

图 8-20

※ 附：极坐标

为确定平面上点的具体位置，我们建立了平面直角坐标

系．但在实际生活中，有时利用方向和距离来确定点的位置更方便．例如，船舶航行时，需要确定航行的方向和航行的距离．即以船舶为基点，利用目的地的方位角及目的地与船舶之间的距离来确定航行目标的位置．

1．极坐标系的建立

在平面上取定一点 O，称为**极点**；从极点出发引一条射线 Ox，称为**极轴**；再选定一个长度单位，并规定角度的正方向（通常为逆时针方向）．这样建立的坐标系称为**极坐标系**．

设 M 是平面上的任意一点，它与极点的距离 $|OM|$ 记为 r，称 r 为点 M 的**极径**；极轴 Ox 到射线 OM 的角度记为 θ（用弧度表示），称 θ 为点 M 的**极角**．有序数对 (r, θ) 叫作点 M 的**极坐标**（见图 8-21）．极坐标为 (r, θ) 的点 M，也可记为 $M(r, \theta)$．

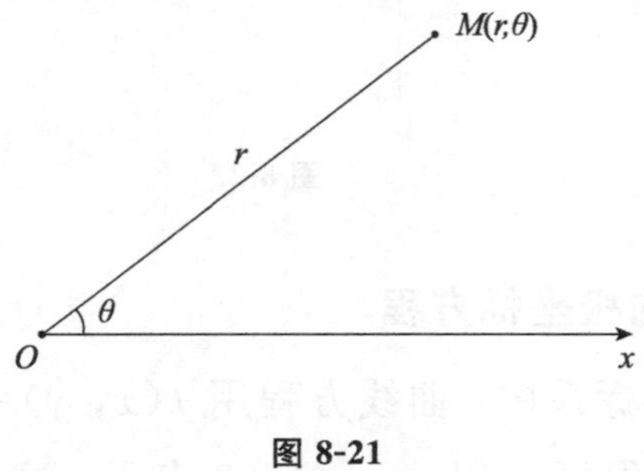

图 8-21

规定极点的极坐标为 $O(0, \theta)$，θ 可以取任意值．

按极坐标的定义，(r, θ) 和 $(r, 2k\pi+\theta)$ $(k\in \mathbf{Z})$ 表示的是平面上的同一个点．在必要的情况下，我们也允许极径 r 取负值．规定当 $r<0$ 时，(r, θ) 与 $(-r, (2k+1)\pi+\theta)$ $(k\in \mathbf{Z})$ 表示同一个点．因此，平面上的点的极坐标有无数种表示法．例如，点 $\left(\sqrt{2}, \frac{\pi}{4}\right)$ 的极坐标也可以写成 $\left(\sqrt{2}, \frac{\pi}{4}+2k\pi\right)$ 或 $\left(-\sqrt{2}, \frac{5\pi}{4}+2k\pi\right)$ $(k\in \mathbf{Z})$．

本书中，在不做特殊说明时，约定 $r\geqslant 0$，$0\leqslant\theta<2\pi$ 或 $-\pi<\theta\leqslant\pi$．这样，除极点外，平面上的点的极坐标就是唯一的．

2．极坐标与直角坐标的互化

在平面上同时建立直角坐标系和极坐标系，且极点与原点重合，极轴与 x 轴正半轴重合. 设平面上一点 M 的直角坐标和极坐标依次为 (x, y) 和 (r, θ)，如图 8-22 所示，则有

$$\begin{cases} x=r\cos\theta, \\ y=r\sin\theta, \end{cases}$$

以及

$$\begin{cases} r^2=x^2+y^2, \\ \tan\theta=\dfrac{y}{x}(x\neq 0). \end{cases}$$

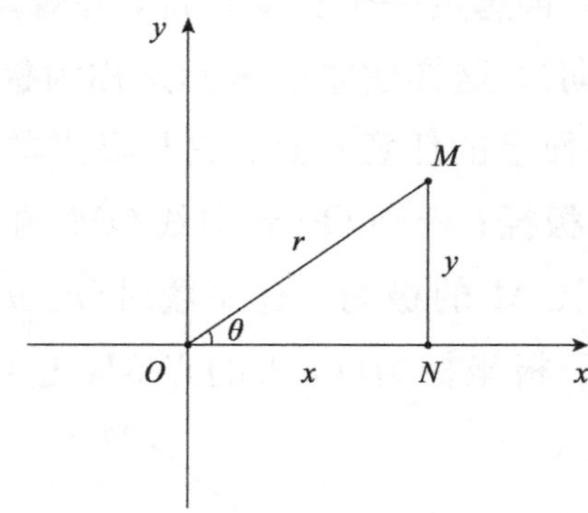

图 8-22

3. 曲线的极坐标方程

在直角坐标系中，曲线方程用 $f(x, y)=0$ 表示. 在极坐标系中，曲线方程可以用 $\varphi(r, \theta)=0$ 表示，这种方程称为曲线的极坐标方程.

把曲线看作适合某种条件的动点的轨迹，将动点 $M(r, \theta)$ 的极坐标 r，θ 之间的相互依赖关系用方程 $\varphi(r, \theta)=0$ 表示出来，就得到曲线的极坐标方程.

如果知道了曲线的直角坐标方程，通过互化公式，我们也可以得出曲线的极坐标方程. 例如，圆 $x^2+y^2=a^2(a>0)$ 的极坐标方程就是 $r=a$；圆 $(x-a)^2+y^2=a^2(a>0)$ 的极坐标方程为 $r=2a\cos\theta$.

图 8-23 中三条直线的极坐标方程分别为：$\theta=\alpha(r\in\mathbf{R}$，$\alpha$ 是常数)，$r\cos\theta=a$ 及 $r\sin\theta=a$.

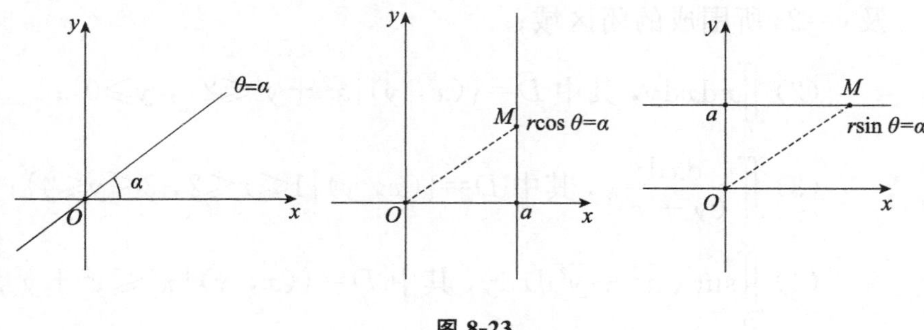

图 8-23

图 8-24 中三个圆的极坐标方程分别为：$r=a$，$r=2a\cos\theta$ 及 $r=2a\sin\theta$，其中常数 $a>0$.

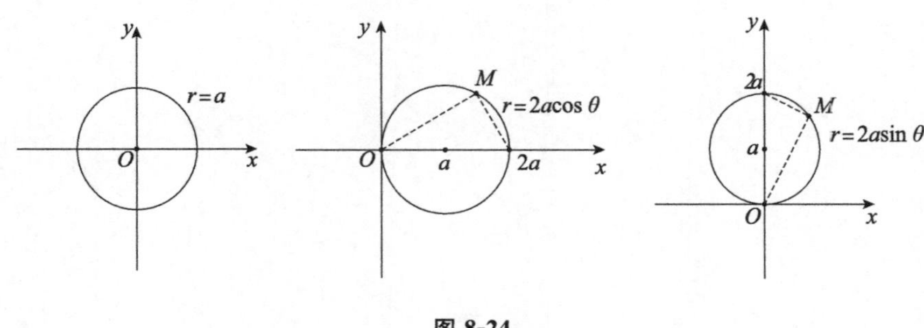

图 8-24

习题 8-3

1. 设闭区域 D：$x^2+y^2\leqslant 2x$，把二重积分 $\iint\limits_D f(x,y)\mathrm{d}x\mathrm{d}y$ 表示为极坐标形式的二次积分.

2. 计算 $\iint\limits_D \sqrt{x^2+y^2}\mathrm{d}x\mathrm{d}y$，其中 D 是圆环形闭区域：$1\leqslant x^2+y^2\leqslant 4$.

3. 计算 $\iint\limits_D \ln(1+x^2+y^2)\mathrm{d}x\mathrm{d}y$，其中 D 是由圆周 $x^2+y^2=1$ 及坐标轴所围成的在第一象限内的闭区域.

4. 选择适当的坐标系计算：

(1) $\iint\limits_D (x^2+y^2-x)\mathrm{d}x\mathrm{d}y$，其中 D 是由直线 $x=2$，$y=x$

及$y=2x$所围成的闭区域；

(2) $\iint\limits_D x\mathrm{d}x\mathrm{d}y$，其中 $D=\{(x, y)\mid x^2+y^2\leqslant 2x, y\geqslant 0\}$；

(3) $\iint\limits_D \frac{\mathrm{d}x\mathrm{d}y}{(y-x)^2}$，其中 $D=\{(x, y)\mid 1\leqslant x\leqslant 2, 3\leqslant y\leqslant 4\}$；

(4) $\iint\limits_D \sin\sqrt{x^2+y^2}\mathrm{d}x\mathrm{d}y$，其中 $D=\{(x, y)\mid \pi^2\leqslant x^2+y^2\leqslant 4\pi^2\}$.

5. 计算以 xOy 面上的圆 $x^2+y^2\leqslant 1$ 为底，以旋转抛物面 $z=2-x^2-y^2$ 为顶的曲顶柱体的体积.

参考文献

[1] 东北师范大学数学系微分方程教研室. 常微分方程[M]. 2 版. 北京:高等教育出版社,2005.

[2] 吴传生. 经济数学 —— 微积分[M]. 2 版. 北京:高等教育出版社,2009.

[3] 同济大学数学系. 高等数学[M]. 7 版. 北京:高等教育出版社,2014.

[4] 赵树嫄. 微积分[M]. 3 版. 北京: 中国人民大学出版社,2007.

[5] 华东师范大学数学系. 数学分析[M]. 4 版. 北京:高等教育出版社,2010.

[6] 詹姆斯·斯图尔特(James Stewart). 微积分 (第六版)(双语教材) [M]. 张乃岳,编译. 北京:中国人民大学出版社,2014.

[7] 吴衍林, 彭启文. Calculus and Coordinate Geometry(Second Edition)[M]. 宏思出版有限公司.